两个素食者的创意厨房

不生病的美味素食

笨鸟 土豆泥 著

北方文艺出版社

图书在版编目（CIP）数据

两个素食者的创意厨房/笨鸟，土豆泥著.—哈尔滨：
北方文艺出版社，2008.8（2018.8重印）
ISBN 978-7-5317-2305-9

I.两… II.①笨…②土… III.素菜—菜谱
IV.TS972.123

中国版本图书馆CIP数据核字（2008）第070606号

两个素食者的创意厨房
Liangge Sushizhe de Chuangyi Chufang

作　　者	笨鸟　土豆泥
责任编辑	王金秋
封面设计	烟　雨
出版发行	北方文艺出版社
地　　址	哈尔滨市南岗区林兴路哈师大文化产业园D栋526室
网　　址	http://www.bfwy.com
邮　　编	150080
电子信箱	bfwy@bfwy.com
经　　销	新华书店
印　　刷	北京和谐彩色印刷有限公司
开　　本	710×1000　1/16
印　　张	12.5
字　　数	130千
版　　次	2008年8月第1版
印　　次	2018年8月第5次
定　　价	38.00元
书　　号	ISBN 978-7-5317-2305-9

笨鸟如是说

从小到大我一直以为猪、牛、羊、鸡、鸭、鱼理所当然是人们餐桌上的食物，它们生来就是被人吃的，我们可以心安理得地享用。直到 2004 年初夏，偶然在网上看到一个故事，有一个人记得自己前世做猪时的经历和被宰杀时的痛苦。故事的真假姑且不论，它使我突然意识到，动物和人类一样，也有着贪生怕死，趋吉避凶的本能。《大话西游》里说："人和妖都是妈生的，只不过人是人的妈生的，妖是妖的妈生的。"同理，动物们也是父母所生，也有感情，也会怕疼，人类有什么资格去吃它们，就因为它们弱小我们强大吗？从此以后，见到以前爱吃的排骨、海鲜，就再也吃不下了，觉得吃肉和吃人在本质上是一样的。

没想到的是，素食一段时间之后身体状况有了不可思议的改善，从前那种疲惫不堪的亚健康状态一去不复返，每天都感觉神清气爽、步履轻盈。以前的我经常感冒，每次都拖拖拉拉要两个星期才能好，而现在我早已想不起感冒是什么滋味了。就像广告里说的："这改变看不见，但真的发生了。"因为自己受益良多，便迫不及待地把素食的好处与身边的好友分享，劝他们也尝试素食。几天后一个朋友打来电话抱怨："我们现在天天稀饭、咸菜、贴饼子，吃得营养不够，脑子都不够用了！"天哪，他们理解的素食竟然是这样的！

为了让未素食的朋友有兴趣尝试素食，已素食的朋友吃得更健康，从来不下厨的我开始掌勺学习做菜，然后把做成功的食谱及成品照片发到网络上与素友们分享。在我的博客里，我和博友之间以"同学"相称，取"一同学习"之意。这一做就是两年多，从开始的照方抓药（照菜谱做），到后来自己也能创意出新菜品了。两年来得到了网友们的大力支持，常常看到有同学留言说，受我们的影响而成为素食者，素食之后身体越来越好了。每当看到这样的留言，我就觉得自己的努力没有白费，素食的感觉很好，做素厨的感觉更好。我要让大家知道，素食并不意味着白菜、豆腐、窝头、咸菜，素食的日子照样可以过得有声有色、有滋有味。

社会上流传着一个顺口溜：当官要当副，穿衣要穿布，吃饭要吃素，喝酒要喝低度。在这个物质极大丰富的时代，我们不可避免地每天都面临种种诱惑，是随顺自己的欲望还是让理智做主，是人牵着狗还是狗牵着人，是到了该好好想想的时候了。俗话说，要想知道梨子的滋味，一定要尝一尝。素食到底好不好，你也要亲自试一试才知道。锦衣玉食的日子我们已经过了很多年，试着过两年素食布衣的日子又如何？不过且慢，有一点要特别明确的是：素食不等于健康，如果你每天喝着可乐，吃着油炸薯条和奶油蛋糕，即使是素食也很难得到真正的健康。我们所说的素食指的是"健康素食"，即：以天然的食材为原料，经过简单的加工做成的食物。一开始你可能会觉得这样的食物淡而无味、难以下咽，但是坚持一段时间，你一定会领略到食物本身的美妙滋味。

　　来吧，和我一起，做简单的健康素食，过平凡的快乐生活。

CONTENTS
目录

CONTENTS

目录

CONTENTS
目录

CONTENTS

目录

冬

CONTENTS

目录

序　一

环保先锋如是说·三文鱼儿要回家

作者：〔美〕约翰·罗宾斯

出身豪门，约翰·罗宾斯是 "Baskin—Robbins 31 种口味"冰淇淋王国的创办人的独生子，但是他却选择放弃万贯家财，追寻更远大的理想，而他果然掀起了一场革命。他的著作《新世纪饮食》(*DIET FOR A NEW AMERICA*)、《还我健康》(*RECLAIMING OUR HEALTH*)、《觉醒的心》(*THE AWAKENED HEART*)，以及《食物大革命》(*THE FOOD REVOLUTION*) 唤醒世人改变饮食方式，以慈爱心改革健康医疗制度，康复自己，也康复整个地球。他所提出的理念被誉为 21 世纪人类最重要的成就之一。

七月，美国北加州红杉木林的一幢木屋里，全场一百多个人起立鼓掌，掌声持久不竭。屋外，午后的凉风，轻拂着这片长满红杉树的山林，夏日的阳光，透过屋顶的一片大玻璃，洒在每个人的头上。讲台上，约翰·罗宾斯带着淡淡的笑容，接受大家的致意。他的演讲令在座的每一个人动容和感动。一些人的眼角闪烁着泪光……我们开始明白约翰·罗宾斯当年受邀在联合国发表演讲时，全场代表为什么会起立并以掌声向他致敬。

因为出于至诚，因为正气凛然，他对地球的关怀，对宇宙万物的平等心，他为全人类谋福利的情怀，不畏强权的浩然正气，对妻子、儿子、儿媳妇和两个双胞胎孙子的亲情挚爱……这些，会打动强悍的心，会让傲慢的人低头。

约翰·罗宾斯接受雷久南博士的邀请，于今年 7 月在琉璃光主办的美国北加州研习营上发表演讲。雷博士说，能聆听约翰·罗宾斯的演讲是难遇的机缘。我们有幸听君一席话，深深觉得这么美好的东西，一定要尽快与大家分享。以下是约翰·罗宾斯演讲的部分内容：

欢迎大家，我也欢迎自己跟大家在一起。

让我先告诉你们一个小故事。我和我太太笛悠已经在一起生活了 37 年，在美国文化中，这么持久的婚姻关系是很罕见的。我的儿子名叫海洋，今年 29 岁。他的太太，是我们很钟爱的媳妇。他们生了一对双胞胎，我们三代住在同一个屋檐下。

离家儿子改变了富爸爸

我的父亲今年 87 岁。15 年前，也就是他 72 岁那年生了一场重病，他患上糖尿病、高血压、心脏病，而且超重。我父亲所卖的冰淇淋比世界上任何一个人所卖的还要多，他吃的冰淇淋也比任何一个人多。在他的观念里，饮食和健康一点关系都没有。

我的姑丈体重 250 磅，他死于心脏病，他也吃了很多很多的冰淇淋。他去世的时候，我问我父亲："你认为姑丈的心脏病和他大量吃冰淇淋有没有关系？"我的父亲斩钉截铁地说："完全没有！"但是真理就是真理。我的第一本书《新世纪饮食》出版时我送了一本给他，我还亲自在上面签了名，但是我想他根本没有读。

我父亲是一个非常非常成功的生意人，他卖的是冰淇淋，他不愿意相信他所卖的冰淇淋对别人有害，他根本不愿意如此相信。

有一天他去检查心脏，他的心脏科医生是最有名的心脏科医生，或许也是最贵的一位。因为他病得很重，医生对他说："西方医学能做的只是让你服药，好让你的有生之年过得舒服一点，不过如果你真的想要活得健康一点，你一定要改变你的生活方式，你应该读这本书。"那本书就是《新世纪饮食》。

这位医生不晓得这本书的作者和他眼前这位病人有什么关系，我的父亲也没告诉他这本书的作者就是他的儿子。虽然他已经有了这本书，但是，他什么也不说地接受了这本书。因为是医生推荐的，所以，他就开始阅读这本书了。

我的父亲果然慢慢地开始改变他的饮食，一点一点地改变。他早餐开始少吃熏肉片，后来他改变得越多，健康也就越好。他的胆固醇指数从之前的 260 降到 160。他的糖尿病曾经很严重，甚至得截肢，目前已不需要再注射胰岛素，成为隐性糖尿病。虽然他没有成为全素者，但是他已经不再吃冰淇淋了，也不再吃乳制品。对他而言，这是一个不可思议的改变。

他体验到康复所带给他的好处，所以现在他对我还感到蛮骄傲的。他被迫相信我所提倡的的确有其可信之处。虽然我们有时候还是会大眼瞪小眼，我们有一些理念还是不一样，他还是不能谅解我当初放下了一切，走出了他的生活，因为我是他唯一的儿子，所以，他很难接受这个事实。他还是没有支持我，但是，我也不需要他的支持。

我父亲是一个极其富有的人，他身边总是围绕着一群人，只要他付钱，他们就替他办事。在他家里，时常有 10 到 15 个人在为他做事。在公司，他雇用了 1 万人，只要他付钱，他们就根据他的意思办事。而我却一分钱也没拿地离开他，他曾经对我说："你知道吗？你令我感到困扰的是，你似乎没有一个价码！"

他已经来到人生的最后几年，他也知道他身边的人是因为拿了他的钱才替他办事的，只有我例外！我是他生命中唯一不要求回报的人。所以当我打电话问候他，或者告诉他我爱他的时候，他知道我并不是为了他的钱而向他问好，我是这个世界上唯一让他有此感觉的人。其他的人都是为了钱才接近他，因为他有很多很多的钱，这很极端，然而，这就是他的处境。

有趣的是，就因为我不听他的话，不接替他的冰淇淋事业，不接受他为我安排的生活方式，我却反而对他更有帮助——我确实在他的黄昏岁月里，改善了他的健康情况。如果我当初遵从他的意愿，我或许无法在他晚年的时候如此帮他。

我们必须尊重我们的父母，但是，有些时候，即使我们必须与父母背道而驰，我们也必须选择尊重自己的心灵。我的情形即是如此。或许，今日的他，会因为有我这个儿子而觉得很刺激。这真是不可思议。

有时候，他会说："为什么你会活得这么好，我真的搞不清楚。"

不过，他还是不能完全接受我，因为我有着和他截然不同的价值观，我有不同的想法，对他来说，这是很难受的，所以，我尽量尊重他，尽量对他温和。他越生气的时候，我就越温和。我不愿意和他起冲突，这完全于事无补。

我们是一群三文鱼

你看过三文鱼吗？三文鱼的生长周期非常有趣。它们生于淡水的河流源头，然后游到咸水的海里慢慢长大。它长大后，又会凭着一种本能回到它出生的地方，回到与它有生命联系的源头。这是不可思议的，因为它们是逆流而上，强大的主流冲击着它们，而它们摆动着它们短小的尾巴，逆流而上，这一条生命之旅长达好几百里，但是，它们就是那么一点一滴地游往上游，它们内心有一个导向：它们要回家。

这个导向来自它们的本能——回家的本能。这个本能这么强烈、这么深，所以它们不惧艰难地逆流而上。

这就是我们现在的处境：我们要回家。

我们也受到内心深处的一种本能的指引。我们是一群三文鱼，我们也在

环保先锋如是说·三文鱼儿要回家　3

摆动着我们的尾巴，我们在一个怂恿着我们买这个买那个的社会里逆流而上。这个社会不断地告诉我们：你需要这个需要那个，需要很多其实我们不需要的东西。这个社会告诉我们：如果你不拥有这些东西，你就一事无成。这个社会让你觉得自己是一个异类，让你觉得自己很不足、很匮乏、很混乱。其实，这是荒谬的。我们需要做的就是回家。

当我们踏上归途的时候，我们就会产生能量，我们把这股能量带给这个世界，带给我们的家庭、我们的经济市场、我们的公司、我们的人际关系、我们的祖先，以及我们未来生生世世的子孙。我们带来的是我们的本性，是一些真相。我们或许可以听从一些教诲来引导我们自己，但是如何重新发现自己的本性，如何回家，却得靠我们自己。

我们就像三文鱼，我们逆流而上，我们要回家。对我来说，它们就是我的导师，我的模范。

我曾经在一条河流旁见到好几千只三文鱼逆流而上，这一群美丽的橙色的鱼儿往上逆流，我感觉到它们内心那股强大的力量，我也发现了在我们内心中，原来也有那么一股强大的力量，当我们接上了回家的能量时，我们就有了强大的力量。我们要回家，回到我们的内心深处，与每一个人共处，与整个世界共处，回到一个有爱心的家。

在黑暗里，我们更需要烛光。在一个明亮的房间里，烛光或许很漂亮，很有象征意义，能给你带来灵感。不过在一个黑暗的房间里，点亮一根蜡烛，却可能影响生死。烛光可以引导你走出黑暗，可以指引你找到你所需要的东西。

这个时代主流并不重视灵性的追求，它看重的是消费能力、权欲和支配能力，它令人感到疏离和混乱。然而，我们本性里有智慧。这就是我们这个星期在这里所要学习的，我们都在找寻康复的力量，而这个力量就存在于我们的光明本性里。当我们回家的时候，我们就会找到这股力量，而这股力量，就是使得一个人成功的力量。

对我而言，我们要找寻的是一种很珍贵的东西，它存在于我们所接触的每一个人心中，它是一种明白，明白每一个当下都会来到跟前，每一个当下只存在一次，每一个当下都是珍贵的。

注：约翰·罗宾斯和妻子笛悠、儿子海洋、媳妇米雪、孙子河流之法以及菩萨住在美国加利福尼亚州圣克鲁斯郊外的山上。他们的办公室和家里的电源完全来自太阳能。

序 二

营养学家如是说·素食与健康

作者：[美]T.柯林·坎贝尔博士

坎贝尔博士是个严格素食者，康奈尔大学终身教授，被誉为"世界营养学界的爱因斯坦"，40年来，他一直身处营养科学研究的最前沿。他还是"二噁英"发现工作的主要参加者之一。1982年6月，他为美国国家科学院撰写的报告——《膳食、营养与癌症》发表后，震惊了全美国。接着，他又组织参加了长达20多年的膳食与疾病发病率的大规模调查研究。这次有史以来规模最大的营养健康调查研究，被《纽约时报》称为"世界流行病学研究的巅峰之作"，几乎不可能再重复。本文节选自2006年出版的《中国健康调查报告》。

从丰富的营养学研究经历中，我本人得到的最有幸的发现之一就是，良好的膳食和良好的健康，其本质是简单的。食物和健康之间的关系，从生物学的层次上说，无比复杂，但是其根本理念仍然是非常简单的。尽管公开发表的文献林林总总，但是如果要我给您提供营养与健康的建议，我只需要告诉您一句话：要尽量去吃纯天然的素食，同时尽可能减少摄入精制食品、盐及脂肪添加过多的食品。

我们从没像今天这样大量的实验证明纯天然素食的健康价值。举例来说，现在我们可以看到心脏中的血管，用明确图像证据说明迪安·奥尼什医生和小卡德维尔·埃塞尔斯廷医生的工作结论：纯天然素食能够逆转心脏病的病情。我们现在已经知道这个效果的作用机制。动物蛋白能够导致试验动物、人和整个人群的胆固醇水平升高，其效果比饱和脂肪和胆固醇甚至更为明显。国际上各个国家之间开展的对比实验研究证明，那些传统上以素食为主的国家中，心脏病发病率要低得多，而且同一人群中个体间的对比研究也证明，更多摄入纯天然素食的人不仅胆固醇水平更低，而且心脏病的发病危险也更低。我们现在有大量、翔实的证据证明，纯天然素食是预防心脏病的最佳选择。

我们从没像今天这样对膳食如何影响癌症有如此深刻的了解，无论是细胞层面之上，还是人群的流行病学层面之上。研究证明，动物蛋白能加速癌症的发生和发展。动物蛋白能使一种激素——胰岛素样生长因子（IGF-1）

的水平升高，而 IGF-1 是诱发癌症的危险因素之一；高酪蛋白（牛奶中的主要蛋白质）膳食使更多的致癌物进入细胞，使更多危险的致癌物衍生物结合在 DNA 上，引起更多的突变反应，使得细胞突变为原癌细胞的可能性增大，这些细胞一旦激活，就会形成更多的肿瘤。研究还证明动物性食物为主的膳食能增加女性生殖激素的生成，会导致女性患乳腺癌的危险增大。我们有大量、翔实的证据证明，纯天然素食是预防癌症的最佳选择。

我们从没像今天这样，能拥有检测糖尿病相关生物标志物这样的尖端技术。研究证明，纯天然素食能够有效地改善患者血糖水平、胆固醇水平和胰岛素水平，其效果比任何一种治疗措施都要明显。干预性研究证明，2 型糖尿病可被纯天然的素食所逆转，让患者摆脱对药物的依赖。另有大量的研究证明，1 型糖尿病——一种严重的自身免疫病，与摄入牛奶和过早停止母乳喂养有关。我们现在知道摄入的动物蛋白进入血液后，我们自身的免疫系统如何凭借"分子模拟"的机制发起对自身的攻击。我们还有大量的研究工作证明，动物蛋白的摄入，特别是奶制品的摄入，与多发性硬化症有关。膳食干预研究还证实，膳食能有助于延缓、甚至阻止多发性硬化症。我们有大量、翔实的证据证明，纯天然素食是预防糖尿病和自身免疫病的最佳选择。

我们从来没有像今天这样，有如此之多的证据证明，膳食中动物蛋白比例过高的话会破坏我们的肾脏，形成肾结石，因为动物蛋白的摄入导致肾脏中累积了过多的钙和草酸。我们现在知道白内障和年龄相关的黄斑变性可以通过摄入大量含有抗氧化剂的食物来预防。另外，研究已经证明，认知功能障碍、轻度脑卒中导致的血管性痴呆和阿尔茨海默病都与我们的膳食有关。人群研究证明，摄入过多的动物性食物，我们髋骨会更容易折断，骨质疏松症也会变得更严重。动物蛋白会在我们的机体内造成一种酸性的环境，侵蚀我们骨骼中的钙质。现在我们有大量、翔实的证据证明，纯天然素食是预防肾脏疾病、骨骼疾病、眼科疾病和脑病的最佳选择。

尽管这方面还有更多、更深入的研究工作可以做，也应该做，但是，纯天然素食膳食能够预防、甚至治疗各种慢性疾病这个事实确实是无可辩驳的。只凭借几个人的个人经验、处世哲学或是零星的科研结果就对素食膳食下结论的时代已经过去了。现在有成百上千深入细致的、全面综合的、完善的科学研究证明素食的健康价值，其结论具有高度的一致性。

我对未来充满了希望，因为全国和全球范围内的信息革命赋予了我们崭新的信息交流能力。世界上受教育的人越来越多，也有越来越多的人具备了选择膳食的自由，可供选择的膳食也更为多样化，而且更容易获取。人们完全有能力把纯天然的素食做出更多花样，做得更有趣，更美味，也更方便。现在居住在城镇和偏远地区的人们也能更方便地接收到最新的健康信息，并将这些信息付诸实施。为此，我对未来充满了希望。

　　所有这些新生事物都为我们营造了一个前所未有的世界，一个呼唤变革的世界。与1982年不同，那时只有几个人试图挑战科学界的传统观念——膳食和癌症没有丝毫的联系，现在"膳食能影响各种癌症的患病危险"这一概念已经更为普及，深入人心。我已经看到，素食主义的公共形象从被认为是一种危险的、瞬间即逝的潮流转变为一种健康长久的生活方式选择。素食正在变得越来越流行，素食食品，无论是花样还是方便性都在日益翻新，选择越来越多。不含肉制品和奶制品的素食菜式也已经成为各家餐馆的常规菜式。科学家们也竞相发表论文，阐述关于素食主义和素食对健康的好处。今天，距离我的曾舅祖父乔治·马希尔文著书阐述膳食和疾病的关系，已经过去了150年；今天，在我小儿子汤姆的帮助下，我也写了本有关膳食和疾病关系的书。汤姆的中间名是马希尔文，不仅我书中的观点重申了马希尔文的许多观点，而且一位以他的姓氏为名字的亲属也成为本书的联合作者。历史真的在重复自身。但是这次，我相信，这些信息将不再被束之高阁，被遗忘在尘封的历史中，世界将接受这样的变革。更重要的是，世界已经做好了接受这种变革的准备。我们已经来到了历史的转折点，不能再让传统的陋习继续下去。作为社会整体，我们正处在悬崖的边缘，一步踏错，我们就会坠入疾病、贫穷和崩溃的深渊，而下一步走对了，我们将赢得健康、长寿和其他丰厚的回馈。做到这一切，我们需要的只是变革的勇气。100年后，我们的后代会怎么样？我想只有时间才有资格回答这个问题。但我希望，我们正在经历的变革和前方的未来能让所有人都受益终生。

春

百合甜豆

土豆泥给笨鸟看过一篇文章，毕淑敏写的《冻顶百合》，文中说大面积种植百合会破坏植被，导致土地沙化，土豆泥因此而不买百合，笨鸟觉悟没那么高，有时还是会吃一点的，就一点，惭愧。

原料 甜豆（也叫蜜豆）
    鲜百合

做法

1. 甜豆择洗干净，在开水里焯过。

2. 鲜百合球拆成小瓣，洗净。

3. 炒锅烧热放油，先投入甜豆翻炒 2 分钟，再放入百合瓣炒 1 分钟，放盐即可出锅。

🐦鸟语：甜豆和豌豆大概是一家子，不但外形长得像，清香的味道也像，不同的是甜豆的豆荚又脆又嫩，甜丝丝的，和同样甜丝丝的百合搭配非常清爽好吃。

彩椒杏鲍菇

一个好朋友在 QQ 上跟我说："笨笨，我遭报应了，这回我可要上西天了，你可以拿我当反面教材了！"大惊之下急忙问是怎么回事，原来朋友在体检中查出有乳腺瘤，而且是 3 个，如果是良性的还好，是恶性的那就是癌了。

我晕！

她才刚满 30 岁啊，喜欢吃肉，经常感冒，爱长痘痘，典型的酸性体质。幸运的是经医院进一步检查确认是良性的，要观察 3 个月再决定是否需要做手术。我赶快送了她一本《健康生活新开始》，希望专家的话能给她洗洗脑。

过了几天的一个下午，我们又在 QQ 上聊天：

"笨笨，书我都看了，今天中午去国美买了榨汁机，而且我一直到现在都没吃肉，连鱼肉都没吃。"

"那很好啊，得坚持住，从哪天开始的？"

"今天。"

我倒！

刚开始吃素的同学不习惯蔬菜的清淡，往往不知道吃什么，那么蘑菇是个不错的选择。今天我用的是杏鲍菇，也就是俗称的鸡腿菇。

原料 杏鲍菇

　　　　彩椒（或青椒）

做法

1. 杏鲍菇洗净切成片，彩椒洗净切成丁。

2. 油锅烧热后先放杏鲍菇，炒软了再放彩椒丁，加盐，简单翻炒一下就可以出锅了。

姜汁菠菜

原料　菠菜
　　　　鲜姜

做法

1. 菠菜洗净，先用开水烫一下，这样可以除去菠菜中的草酸，然后捞出迅速冲凉，挤干。菠菜很不出数，一小捆菠菜烫过之后就缩成了一碗。

2. 鲜姜切成碎末。

3. 一半姜末撒在烫好的菠菜上，另一半加入生抽、醋、香油，做成调味汁，放置一会儿，使姜的味道溶在调味汁里。

4. 最后把调味汁浇在菠菜上即可。

芦笋百合

原料　芦笋
　　　　鲜百合
　　　　甜玉米粒

做法

1. 芦笋洗净，去掉硬根，斜切成段。现在的芦笋正是嫩的时候，不用削去外皮，加工起来很容易。

2. 真空包装的鲜百合球拆成散瓣，冲洗干净。

3. 速冻甜玉米粒解冻或用开水烫一下、沥干。

4. 用一点油先炒芦笋，再放玉米，最后放入百合略翻炒，加点盐即出锅。

橄榄菜嫩豆腐

已经想不起是在哪儿见过这个菜谱了，有很长时间了，之所以一直没做，是因为曾经有朋友告诉我橄榄菜里有荤油。尽管它的成分表里没写，我还是再也没有买过橄榄菜。前几天在超市里偶然发现一种橄榄菜，瓶子上写着"本产品适合素食"，真让我喜出望外，立马拿下。我高兴不仅仅是因为以后我又可以吃橄榄菜了，而是因为终于有商家开始重视我们这些素食人群了。以前我买过很多台湾产的有机食品、健康食品，它们的外包装上都清楚地标明"素食者可食用"，可能是因为素食在台湾更加普及吧。我常常想，什么时候我们的商家也能这样做呢？没想到终于被我碰到了，这是不是也说明现在素食者越来越多了？这短短的一行字让人从心里感到温暖。

原料 嫩豆腐（内酯豆腐）
橄榄菜

做法
嫩豆腐切成片，撒上橄榄菜即可。

鸟语：橄榄菜是腌制食品，不宜常吃，偶尔吃一次无妨。

杭椒蟹味菇

　　蟹味菇也叫作鸿禧菇或者是玉蕈，做菜做汤味道都很鲜美。

原料　蟹味菇
　　　　杭椒

做法

1. 蟹味菇用开水烫过、沥干，杭椒洗净、切成段。

2. 炒锅烧热放油，把杭椒和蟹味菇倒锅里翻炒几下，放点盐和生抽就好了，简单又好吃。

🐦鸟语：如果没有杭椒，用尖辣椒或青椒代替，味道也不错。

尖椒魔芋

原料　魔芋
　　　　尖辣椒

做法

1. 先把魔芋用开水焯一下，捞出沥干水分，尖椒切成丝。

2. 锅里放油烧热，下魔芋，加盐和生抽翻炒一会儿，最后下尖椒丝略炒一下就行了。

🐦鸟语：魔芋容易吸味，口感筋道，有嚼劲，非常好吃。还有一种做法是用剁椒炒魔芋，也不错，有兴趣的同学可以试试。

芦笋炒蘑菇

原料 芦笋
　　　口蘑

做法

1. 芦笋去掉老根切成段，口蘑切成片用开水焯过、沥干。

2. 先用油炒蘑菇片，加一点生抽，等蘑菇变色后放入芦笋一起翻炒，最后加盐出锅。

🐦鸟语：要特别注意的是蘑菇非常容易吸入咸味，所以生抽和盐都要少放，否则炒出来的蘑菇会很咸。

清粥小咸菜

原料 芹菜叶
　　　水腌芥菜疙瘩

做法

1. 芹菜叶洗干净，开水烫一下，水腌芥菜疙瘩切成丝。

2. 用香油拌一拌，再加点油辣子，最后撒上芝麻。和小米粥一起吃非常香。

🐦鸟语：芥菜疙瘩一般都很咸，所以要用水泡一泡，再冲洗几次。

　　大家都知道，腌制食品中的亚硝酸盐能致癌，但也不是绝对不能吃，有资料中说，腌制食品在第四天到第八天时，亚硝酸盐含量最多，之后便逐渐下降，二十天后就没有了。所以，两天内吃完或二十天以后再吃，是相对安全的。

青蚕豆两吃

　　青蚕豆也是个季节性很强的菜，每年也就有那么几天能吃到，过了这段时间嫩蚕豆就会变老，现在吃正是时候。

　　吃着煮蚕豆，就想起了鲁迅在《社戏》中写的罗汉豆，其实就是蚕豆，当年读到那群半大孩子偷豆煮豆，真是口水流了二尺长啊。

原料　蚕豆
　　　　　百合

做法

1. 蚕豆放清水中煮 5 分钟，捞出冲凉（煮豆的时间要根据蚕豆的老嫩程度适当调整，但一定要煮熟，否则可能有毒），再剥去一层外皮，剥出蚕豆瓣，碧绿可人。放一点盐拌匀。
2. 百合用开水烫过之后和蚕豆瓣拌在一起。

这是带着壳的蚕豆

剥掉壳后的样子，看到中间那条线了吗，还没变黑，说明还很嫩。

如果懒得剥那层外皮，也可以在略煮之后，再用油炒，也很香的

香菜拌茶树菇

在餐馆里吃到这个凉拌菜很不错，也做了一次，结果香菜多了点，茶树菇少了点，呵呵！

原料　茶树菇
　　　　香菜

做法

茶树菇先用开水焯熟，晾凉；香菜切段。放在一起，加点盐、醋、香油、红糖即可。

鱼香胡萝卜丝

众所周知，胡萝卜是一种营养非常丰富的蔬菜，但因其特殊的味道，大部分人都不爱吃，所以长期以来一直被当作配菜使用。以前我们公司食堂做的鱼香肉丝常常是肉丝少，胡萝卜多，被同事们戏称为鱼香胡萝卜丝，如今吃素了，索性就来个鱼香胡萝卜丝岂不痛快。

原料　胡萝卜丝
　　　　郫县豆瓣辣酱

做法

把油烧热，加一大勺郫县豆瓣辣酱炒出香味，再下胡萝卜丝翻炒，加一点盐和醋，起锅，很下饭的一道菜。

🐦鸟语：加不加盐和加多少盐要根据辣酱的咸淡程度而定，最好先尝一尝。

春笋炒时蔬

很多东西是人为划分的，比如，把7个普通的日子隔离起来，冠以节日的名义。因为暂时不用面对工作和压力，人们会求得暂时的快乐自在，更多的日子，还是无从逃避烦琐又烦恼的现实。几十年的光阴并不长，享受节日，平常日子也要留心，就像这道随手组合的蔬菜，就是寻常生活里的亮丽风景。

原料　春笋、紫甘蓝
　　　　胡萝卜、枸杞芽

做法

春笋（开水焯过）、紫甘蓝、胡萝卜、枸杞芽，清炒。

蒸胡豆

如果你嫌麻烦的话，就做蒸胡豆吧。只需要把米炒熟磨成粉，就可以蒸上好多次。而且除了生菜以外，用蒸的方式应该是营养保存最佳的了，甚至连煮饭都可以免了，米粉就是饭呀。如果把胡豆换成土豆、芋头等，又能组合出好几个蒸菜。

原料　米粉
　　　　胡豆（蚕豆）

做法

将米粉和新鲜胡豆瓣和匀，放点油、盐、花椒面，洒上适量的水，中火蒸熟即可。

清炒芦笋茶树菇

经常听到天天买菜的人抱怨站在琳琅满目的市场不知道该买什么菜。对此我很是不解，每次兴冲冲地投入到那人头攒动熙熙攘攘的菜场，总是这也想买那也想买，满脑子地盘算着菜品组合，最后每每满载而归。终于一天恍然大悟，因为我一周只买一次菜，而且也从不问家人想吃什么。我做菜是没谱的，基本属于胡乱搅和，做出来是什么就吃什么，当然就轻松多啦，嘿嘿。

那天无意中又凑合了个芦笋茶树菇，两个单独炒都很好吃的菜放在一起弄也不会变坏到哪里去哈。

原料 芦笋、茶树菇
　　　　红椒
做法
芦笋和茶树菇洗净，从中间纵向剖开，再切成段；红椒切丝，用适量油盐清炒即可。

香菇豆腐

一直都很羡慕那些只睡很少时间但又精神抖擞的人，最近看了几本书，终于悟出了点道理。

根据生理循环，晚上八时到清晨四时左右是吸收和使用养料的时间，身体在我们睡着之后会开始处理白天的进食，如果吃得越多，晚上身体工作的时间就会越长，所以我们老是觉得睡不醒。如果晚餐少吃或不吃，或只吃容易消化吸收的水果生菜，就会很自然地缩短睡眠时间，并且提升睡眠的质量，而且第二天精神也会很好，不知我理解的对不对，请各位同学指教。

原料 香菇
　　　　北豆腐
做法
把香菇和姜末一起炒出香味，加点水，再加煮过水的豆腐烧熟，放点盐，勾点薄芡，起锅。

每天对着电脑坐的时间久，脖子总是又酸又疼。那天看到一个小窍门，对缓解颈椎不适很有效，方法很简单，那就是：以头为笔，在空中写繁体的"凤"字，也就是这个字：鳳。每一笔要尽量写到位，因为这个字能让颈椎充分地活动开，每天写个七八遍，长期坚持必有效果。我试了几天，脖子果然舒服多了，不过那个繁体字太难写了，我偷懒写的是简体的"凤"字，大不了多写几遍嘛。同学们也试一试，有病的治病，没病的防病哈。

香椿豆

天气明显转暖，菜市场里已经有香椿芽卖了，香椿这东西有种特殊的强烈气味，喜欢它的人特别爱吃。最好的香椿是每年春天香椿树发的嫩芽，一旦长老了就没法吃了，有很强的季节性，所以要吃就得趁新鲜。不过咱们普通家庭有一个简单的保存香椿的方法，就是把香椿用开水焯过之后放入保鲜袋冷冻起来，随吃随取，这样就可以一直吃到冬天了。香椿最常见的吃法是炒鸡蛋，不吃鸡蛋的严格素食者可以做香椿豆，用来佐餐或拌面，都很不错。

原料 香椿
黄豆

做法

1. 干黄豆用清水浸泡 8~10 小时，煮熟。

2. 香椿在开水中焯至变成绿色捞出，切碎。

3. 切碎的香椿和煮熟的黄豆拌在一起，加适量盐调味即可。

薯泥沙拉

这是个讲究包装的时代，能想到吗，平日里土头土脑的土豆也能变得如此小资。在懒得吃饭更懒得做饭的时候，就来个薯泥沙拉吧，好在土豆也可以当主食，再加上蔬菜，营养也足够了吧。

原料　土豆、胡萝卜
　　　　青豌豆、甜玉米粒

做法

1. 土豆切成小块蒸熟，趁热用勺子压成泥，或者装进保鲜袋里用擀面杖敲成泥。

2. 蒸土豆的时候把豌豆、玉米粒、胡萝卜粒煮熟。

3. 土豆泥中加几勺牛奶拌匀，再加盐和黑胡椒粉，最后加入煮好的蔬菜粒，盛到漂亮的小碗里就完成了土豆大变身。

🐦鸟语：最新研究显示，油炸薯条或薯片中含有致癌物质，所以爱吃土豆的同学

芝麻酱拌小萝卜

新上市的小萝卜，水灵灵，脆生生的，看着就想吃，用芝麻酱拌一拌，又甜又香。我发现最好吃的芝麻酱是菜市场里现磨的，离老远就能闻到香味，而且没有添加剂。

原料　小萝卜（也叫水萝卜）
　　　　芝麻酱

做法

1. 一勺芝麻酱加点凉开水，搅拌均匀，再加一点盐，注意水不要一次加太多，加一点搅匀后再加，一直搅拌到不太稠即可。

2. 小萝卜洗干净切成条，去不去皮都行，拌入调好的芝麻酱。

注意了，别再吃炸土豆了，改蒸土豆泥吧，既能当菜吃又可以当零食，在吃腻了工作餐时带上一份薯泥沙拉作便当也是一个不错的选择。

黄豆糙米饭

黄豆糙米饭是备受营养学家们推崇的主食之一，有必要先来解释一下糙米和白米有什么不同。糙米是白米的前身，也叫胚芽米，顾名思义，这是能发出芽来的米，是有着生机与活力的米，它比白米多保留了一层黄色的膜，去掉这层膜就变成了白米。咱们平时吃的白米在精加工过程中除去了谷糠和胚芽，因此损失了一部分最好的蛋白质、大部分维生素、矿物质和纤维素，是人类自作聪明的产物。可喜的是现在已经有越来越多的人认识到这一点，开始弃精取糙。上海的枣子树素餐厅已全面停止白米饭的供应而改为糙米饭，为糙米的普及起到了极大的推动作用。糙米中的氨基酸组成比较完全，但赖氨酸含量较少，而黄豆中所含赖氨酸丰富，所以糙米和黄豆正好互补，五份糙米加一份黄豆是非常完美的组合。

做法

早晨上班前把糙米和黄豆洗干净，泡上水，晚上回家时会泡软，另换干净的水，像煮普通的白米饭一样煮熟。糙米中的沙子、糠皮等杂质会多一些，淘米的时候要特别注意。如果怕吃不惯糙米，可以先掺入一半白米，再逐步减少白米的量，直至全部换成糙米。由于含有丰富的纤维素，糙米比白米更容易使人有饱腹感，即使多吃一些也不会长胖，而且糙米消化吸收速度也比较平稳，有利于控制血糖的稳定。

🍵鸟语：习惯了糙米的硬度以后就不用提前泡糙米了，煮的时候多放些水，再加两勺橄榄油，煮出的糙米饭更有营养。

芒果饭

水果是大自然中最优质、最营养的食物，也是最美丽的天然艺术品，五彩缤纷的外观和风味各异的口感都能让人们的视觉和味觉得到极大的享受。而且，水果极易消化，不会给胃肠增加太多的负担，所以食用后让人感到轻松愉悦，活力无限。既然水果的好处说也说不完，那还等什么，赶快行动吧。

原料　芒果、黄瓜
　　　　柠檬汁、米饭

做法

1. 将芒果剥皮去核，用搅拌机或勺子把果肉压成浆。

2. 黄瓜切丁，用柠檬汁和少许盐腌渍30分钟。

3. 将芒果肉和米饭均匀搅拌，再放入黄瓜丁，一份好吃的芒果黄瓜拌饭就这么诞生啦。

原料 寿司海苔、糙米、圆糯米
菠菜、豆芽、胡萝卜

做法

1. 两份糙米加一份糯米煮成米饭，加糯米是为了增加黏度，不然切的时候容易散开。如果没有糙米，可以全部用白米。

2. 米饭中加些盐拌匀。

3. 胡萝卜先用油炒熟，菠菜和黄豆芽分别煮熟。也可以用别的菜。

4. 把寿司海苔光面向下铺在寿司帘上，铺上一层米饭，顶部留点空，用勺子把米饭压实。

5. 把准备好的菜分别铺好。用什么菜可以随意，以前我用过萝卜泡菜、黄瓜、豆腐丝，很好吃，可是现在买不到泡菜了。

6. 用寿司帘裹着海苔卷起来，一定要卷紧，卷到一周时用手握一下寿司帘，把它按紧按实，松开帘子，把卷到一半的海苔拉到帘子底部，再用帘子继续卷，直到卷好。没有寿司帘就直接用手卷也行。

7. 最后用一把锋利的刀把海苔卷切成小段，切的时候刀要沾凉水，免得米饭粘刀不好切。前面的过程都很简单，这一步有点难度，如果刀不快或者卷得不紧特别容易切散，要是真切散了也没关系，就改吃拌饭吧。

糙米海苔卷

这糙米海苔卷是模仿寿司的做法做的，但是所用原料和寿司不同，如果工具顺手的话，做起来还算简单。

鸟语：做好的海苔卷如果一次吃不完可以放冰箱里，下次吃的时候用一点点油煎一下，海苔被煎得又香又脆，更好吃了。

南瓜小米粥

以前我们家很少吃小米，但是现在一年四季常备着小米，因为我们每天在露台上喂麻雀，从最初只来五六只到现在少说也有一百多只，飞起来呼啦啦一大片，特别有生气。每天麻雀能吃掉2斤小米，比我们吃得都多。沾麻雀的光，我们也可以经常喝上小米粥了，加点南瓜更是香甜美味。

十谷粥

网络上流传着一个故事：一弱女子身患癌症，后得一高僧指点，每天喝十谷粥，癌症竟然不药而愈。故事中的十谷配方是：糙米、黑糯米、小米、小麦、荞麦、芡实、燕麦、莲子、麦片和红薏仁。说实话，对这个配方我还是有些怀疑的，比如说麦片不就是用燕麦加工的吗，为什么用了燕麦还要用麦片？

原料　小米
　　　　南瓜
做法
南瓜去皮切丁，和小米一起煮粥即可。

当然故事的真假无从考证，但多吃五谷杂粮既有营养又有益健康却是不争的事实。

天刚蒙蒙亮，这些小家伙就来等着开饭了。

原料　黑米、紫米、红米、薏米
　　　　高粱、大麦、小米、糙米
　　　　燕麦、黄米

做法

去市场把所有能找到的粮食每样买一斤回来，再每样抓出一小把，洗净，清水浸泡四五个小时，然后熬啊熬啊……就熬成了浓香四溢的十谷粥。如果再加入

椰香黑米粥

　　这椰香黑米粥是跟我妈学的，我们全家都爱吃，每次我妈都得做满得冒尖的一大锅才够吃，虽然被我老公纠正多次，说粥是不可能冒尖的，但我仍然坚持认为不用"冒尖"不足以表达数量之多。我妈用的是椰子粉和白糖，我换成了罐装的天然椰汁，虽然味道淡了些，可是更健康啊。

红枣和花生，就变成了八宝粥的味道，又香又甜。还可以任意组合或轮换着单独煮粥，保你一个月不重样。

原料　黑米、莲子、椰汁

做法

黑米和莲子洗净，先用清水浸泡两三个小时，换水后先煮黑米，再加入莲子，煮烂后倒入椰汁煮开即可。

🐦鸟语：中国人喜欢喝粥，《本草纲目》中记述"粥油，有滋阴之功，黑瘦者食之，百日即肥白"。"粥油"就是小米粥、花生粥、玉米粥等煮好之后，漂在表面一层的浓稠液体。可见，粥是多么养人的啦，为太瘦而苦恼的朋友不妨试试。

🐦鸟语：

1. 新鲜的干莲子是很容易煮烂的，贮存的时间越长越不好煮，所以莲子不要买多了，最好随吃随买。

2. 煮黑米和莲子时不要放太多的水，否则加入椰汁后粥会很稀。

翡翠螺纹面

　　在笨鸟的笨脑袋里，面食是世界上最好吃的东西了，或蒸或煮或炒或烙，随便怎么做都好吃，形态上更是千变万化，没时间的时候就随手揪个面片，或是下个面条，几分钟内就能吃上，有时间的时候就花点心思换个做法，也能增添不少生活的乐趣。

原料　　面粉、菠菜
　　　　　西红柿

做法

1. 菠菜用搅拌机打成汁，加到面粉里揉成面团，饧面1小时。

2. 饧好的面团擀成饼，切成条，再切成小丁，注意要多撒干面粉防粘。

3. 下面就是最关键的一步了，把切好的面丁在盖帘上用拇指边摁边向前搓，手法和做猫耳朵完全相同，因为盖帘的纹路，使搓出来的面丁印上了螺纹样的花纹，非常漂亮。这个做法当然不是我发明的，是一位素友教我的，在此表示感谢，也不知学得对不对。

4. 接下来就像煮热汤面一样把螺纹面煮熟就行了，我最喜欢的还是用西红柿做汤底，百吃不厌。可以用面条和螺纹面混着煮，红、白、绿相间很好看。

鸟语：盖帘是北方用于摆放生饺子的盛器，麦秸秆扎成的，如果没有盖帘用寿司帘也可。

什锦炒面

　　自然界里的野生动物几天找不到食吃的情况很常见，没什么大不了的，所以人类在食欲不佳的时候也不必勉强自己，不妨像我一样，不吃饭了，喝两天果蔬汁，让肠胃休息休息，很快就会胃口大开，看什么都香了。

原料　　圆白菜、香芹
　　　　　胡萝卜、香菇

做法

1. 手擀面煮熟冲凉，拌入一点油防粘。

2. 圆白菜、香芹、胡萝卜、香菇都切成丝。

3. 炒锅烧热倒油，先炒香菇和胡萝卜，后放圆白菜和香芹，加盐，最后倒入面条拌匀，加一点生抽上色即可。

菠菜手擀面

本篇将详细介绍纯手工制作手擀面的方法，不过今天的面条是我老公手擀的，用的全麦面粉，我自己还从来没试过擀面条，家里有现成的劳动力，基本用不着我出手。菠菜是这个季节最便宜的菜，所以这样一碗面的成本其实很低。

原料　面粉
　　　　菠菜

做法

1. 面粉加水揉成面团，盖上湿布饧半小时。有朋友问为什么要饧面，所谓"饧"就是放置一会儿，目的是让面团松弛，柔韧性会更好。

2. 用擀面杖擀开，像这样卷在擀面杖上来回擀，貌似比较省劲。

3. 直到擀成一张比较薄的大饼状。

4. 撒上干面粉防粘，叠起来切成面条。因为是全麦面粉，筋度差，所以没敢切得太细。如果用的是饺子粉，口感会比较筋道。

5. 最后炒菠菜、加水煮面、放调料就行了，看着还不错吧。

打卤面

笨鸟过生日，请大家吃长寿面，这么大一碗，够吃了吧，呵呵。其实能不能长寿无所谓，只希望活就活得健康，死就死得痛快，千万别病歪歪地躺在床上等人伺候。

原料　香菇、木耳
　　　　黄花菜、豆腐干

做法

1. 香菇、木耳、黄花菜，分别泡发洗净，豆腐干切成条。

2. 炒锅烧热倒油，先放两粒大料（八角）爆香，再放香菇、木耳、黄花菜、豆腐干翻炒。

3. 加水没过菜，加盐、酱油，煮一会儿。

4. 加香油，水淀粉勾芡即可出锅。一碗香喷喷的卤就做好了。

5. 手擀面煮熟，拌上卤，真是香啊。

素汉堡

如果连吃饭都不能心安理得，人生的确无趣可言，做生菜沙拉的时候我就会遇到这个难题。今年春天计划大啖生菜，但我早已不喜欢总是油盐酱醋的传统拌法。虽然好吃的沙拉酱频频诱惑着我，不过配料里的蛋黄和防腐剂、反式脂肪酸是我无法坦然接受的。只有吃外食的时候在"迫不得已"的借口伪装下过把瘾，我实在还未达到不加任何调料就咬得菜根香的境界。感谢番茄小屋，我又从中找到了灵感，下面就给大家介绍好吃又营养的豆腐沙拉酱。

原料　汉堡面包
　　　　嫩豆腐

做法

很简单，嫩豆腐一块搅成浆，加适量的橄榄油、盐、白醋（或柠檬汁）即可。

豆可：原来的食谱是用豆浆，我改成了嫩豆腐，这样更有酱的感觉哦。有了自制沙拉酱，咱们就来做个素汉堡吧。用杂粮面包夹上生黄瓜片和紫甘蓝片，再浇上各种酱，黄的是芒果酱，白的是豆腐酱，一个美味健康的素汉堡就做好了。

吐司南瓜蘸酱

碰到有些素友是经常吃面包的，因为刚转变为素食后，一时还无法将原先食物组合里的配角演绎出更丰盛可口的食谱来，只好将就一些简单方便的成品。虽然真正完全健康的素食是现在这个环境很难达到的，比如有机食品很多地方就无法买到或买不起，还有在吃法上有益健康的生食、少食也无法马上适应，等等。但我们不应该由于做不到完美就不去开始，起码先把肉戒掉就是向前迈出了根本性的一步。

没有伤害的食谱其实一点都不会乏味，就像这个从网络素食杂志《番茄小屋》里学来的南瓜蘸酱，香浓无比，即使买来的全麦吐司因可能含有反式脂肪酸而差强人意，我们也会吃得满心欢喜，毕竟，我们是在不断前行。愿我们都能走得步履轻盈。

原料　全麦土司、老南瓜、黄豆面
做法

1. 老南瓜切块蒸熟后用搅拌机搅成酱。

2. 加入香喷喷的炒熟的黄豆面，南瓜酱就做好了。原来的食谱里加的是腰果，家里没有就临时改成黄豆面了，可根据实际情况、口味爱好随意变换。

3. 把南瓜酱抹到买来的全麦吐司上，加点生菜碎，再盖一片吐司，好了，很简单吧？

素菜馄饨

原料　菠菜、冬笋
　　　　鲜香菇、馄饨皮

做法

1. 菠菜择洗干净，用开水烫软，再用冷水冲凉后切碎。煮熟的冬笋切碎，鲜香菇也用开水焯过之后切碎。

2. 所有材料混在一起，放油、盐，拌匀，包成馄饨。

3. 水烧开放入馄饨，煮两三分钟，放入生抽、紫菜、香菜、胡椒粉、香油即可出锅。

香软土豆饼

　　烙饼可是个技术活，不但要求面和的软，火候的掌握更是重要，火大了饼容易煳，火小了饼不容易熟，烙时间长了饼就会又干又硬，笨鸟经常烙不好。但是现在好了，笨鸟找到了一个捷径，烙出的饼又香又软，那就是——土豆饼。

原料　土豆
　　　　面粉

做法

1. 土豆去皮切成丁，蒸 10 分钟，趁热压成土豆泥。

2. 在土豆泥中加入面粉，揉成面团。

3. 擀成小饼，在平底锅里小火慢慢烙熟。这样烙出的饼就不会硬了，即使放一两天再吃也是软软的。

立春啦！吃春饼

现在人们好像越来越讲究按时令吃东西，腊月二十三那天是小年，传说是灶王爷上天述职的日子，按我们这里的习惯应该吃糖瓜（俗称关东糖）、祭灶。我下班后去了两家超市都没买到，说是下午两三点就都卖完了，真是意外，委屈我家灶王爷了，他老人家不会上天说我的坏话吧。

今天是立春，按照传统要吃春饼（南方是吃春卷吧），意为咬春，以前吃的春饼都是我爸妈做的，虽说我在旁边看过那么多次，看都会看了，但亲自动手做过才知道还是很缺乏经验的，相信下次一定会做得更好。

做法

1. 烙春饼要用烫面，即：先把适量沸水浇在面粉上，同时用筷子把面粉拌成雪花片状，盖上盖焖 10 分钟，再加入适量温水揉成面团，面团要尽量软一些比较好，盖上湿布或保鲜膜饧面。

2. 利用饧面的时间把卷饼用的菜炒好，一般常用的是绿豆芽、土豆丝、圆白菜等。

3. 现在开始做饼：把面团分成大小合适

的面剂子，两块面剂子中间抹一层油（要多抹一些），叠在一起。

4. 用擀面杖擀成薄饼，越薄越好。

5. 平底锅烧热，小火，不用放油，直接放入面饼，盖上锅盖焖1分钟左右，饼上鼓起大包（拍照片的时候大包已经缩小了不少），翻一面再焖1分钟就熟了。

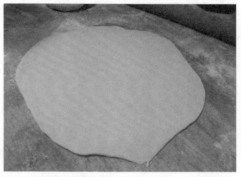

6. 烙好的饼很容易揭开成两张，因为中间抹过油，瞧这饼，整个儿一皇上的妈——太后（太厚）。烙好的饼要一张摞一张地放在一个保温的盆或锅里，如果凉了就会变硬。吃不完剩下的饼下次吃的时候可以先蒸几分钟变软了再吃。

7. 卷饼的时候要先在饼上抹一层甜面酱，喜欢吃葱的放几根葱丝（吃净素的就不要放葱了），再放入各种菜，卷成圆筒状。

鸟语：第一次烙春饼，面和硬了不说，饼还特厚，前车之鉴哈，大家引以为戒。

北京小吃驴打滚

驴打滚的正式名称应该是豆面糕，是
老北京的传统小吃，非常有名，但是不知
道为什么现在买的驴打滚吃起来是酸的，
可能是因为天热，不容易保鲜。想吃好吃
的驴打滚，就跟我一起做吧。不是吹牛啊，
我的驴打滚那是相当受欢迎的，想到我家
吃的朋友都排成队了。

原料 糯米粉
　　　红豆沙
　　　黄豆面

做法

1. 糯米粉用温水揉成面团，放盘子里大
   火蒸 20 分钟，盘底要事先抹上油避免
   粘盘子。

2. 小火翻炒黄豆面，等黄豆面颜色变深，有香味飘出来就熟了。炒的时候要适当调整火力，火大了容易煳，太小又不容易上色。

3. 炒好的黄豆面筛一下，铺在案板上，蒸熟的糯米面团用木铲铲下来放在案板上。

4. 面团稍凉片刻，至不太烫手时，在面团上铺上保鲜膜，趁热用擀面杖擀成面饼，取下保鲜膜，在面饼上铺一层红豆沙。

5. 卷起来。

6. 切好装盘。

🐦鸟语：最好现做现吃，因糯米放凉后会变硬，所以吃不完的要用保鲜膜包起来防止变干，下次吃的时候再蒸一下或用微波炉热一下就行了。

①

②

④

③

⑤

花香梨片汤

　　长安街上的玉兰花开了，用不了几天，北京城就会褪去灰色，花红柳绿起来。笨鸟喜欢花，但是无福消受，因为花粉过敏，使我对鲜花的喜爱基本上属于叶公好龙，只能远观，不敢走近。去新疆旅行时带回的一大包薰衣草差点让我的脸变成猪头，只好忍痛送人。唉，我这小姐的身子丫鬟的命啊。

　　在有机食品专柜见到纯天然的花果茶，那浓郁的花香让我一下子就喜欢上了它们，就让我抱着这碗花香梨片汤，坐在家里臆想春天吧。

原料　花果茶
　　　　梨

做法

花果茶一勺，冲入开水，晾凉，加一勺蜂蜜搅匀，放入切好的梨片或梨丁。

🐦鸟语：只需一勺，沏上一小壶，满室生香。花果茶的味道微酸，所以加点蜂蜜才好喝。

番茄土豆圆白菜汤

原料 番茄、土豆
　　　　胡萝卜、圆白菜

做法

1. 番茄先用开水烫一下，剥去外皮，在碗里削成小块。土豆和胡萝卜切成丁。圆白菜洗净切成粗丝。

2. 锅里放油烧热，先放入番茄，加盐，翻炒。

3. 等番茄化成汁后加入胡萝卜和土豆，略炒一下，加入开水。

4. 最后加圆白菜，等所有的材料煮烂就可以吃了。这个汤本身味道香浓，不需要加香油。

🐦鸟语：番茄中含有人造味精的主要成分谷氨酸钠，是天然的提鲜剂，用番茄打底的方法是我们经常用到的，无论是做菜还是煮面条，下面片，味道都非常鲜美。

素高汤

　　菜谱中的很多菜都用到高汤，高汤一般都是肉汤，现在给大家介绍一个素高汤，所用到的原料本身都是甜度高、味道鲜的，所以什么调料都不放，熬出来的汤有着最自然的甘甜清香。

原料 白萝卜、胡萝卜、黄豆芽
　　　　甘蔗、海带、玉米、圆白菜

做法

所有的原料洗净切块，一次加足水，煮2小时。原料如果凑不齐缺个一两样也无所谓，我就没放圆白菜。煮好后把里面的菜捞出，剩下的汤就是素高汤。可以直接喝，也可以用这个汤底烫青菜吃。

果蔬汁总动员

　　每天早晨喝鲜榨果蔬汁代替早餐，不但能补充维生素、提供充足的营养，使你一上午都精力充沛，还能最大限度地减轻消化道的负担，把原本用于消化食物的那些能量节省下来，用于身体的修复与排毒。这个理论来自美国人哈维写的一本书《健康生活新开始》，几年来已经有相当多的人从中受益了，有兴趣的朋友可以自己找来读一读。

　　笨鸟也是喝汁大军中的一员，坚持每天上午8点到11点之间，喝足1升以苹果为主的果蔬汁，到现在有一年多了，最明显的改善就是皮肤状况空前的好，皮肤滋润光滑紧绷，含水量明显增加，脸上原有的小细纹不见了，这个效果大概是每个女人都想要的吧。且不说排除毒素、修复身体，单是皮肤变好这一点就足以支撑笨鸟每天一大早就乐颠颠

地从温暖的被窝里爬出来。说实话，笨鸟从小到大都是只"无利不早起"的懒鸟，但是现在却心甘情愿地每天早起一小时榨果蔬汁，让皮肤喝饱水，变得水水嫩嫩的，争取今年二十，明年十八，哈哈。另外一个效果是从血液生化检测结果中看到的，我的血脂从去年的1.66狂降到0.58，可见果蔬汁清洗血管的威力确实不同凡响。其他汁友们的身体也发生着各种各样神奇的变化，这些只有你亲自试试才能体会到啊。

　　最适宜长期喝的果汁是苹果汁，苹果性平，喝了既不上火也不寒凉，且比较耐饿，但是单纯的苹果汁氧化速度太快，常常是刚榨出来两分钟就变成了褐色。据我的经验，抗氧化效果最好的是猕猴桃，要选那种又小又硬的（软猕猴桃榨不出汁来）。在榨苹果汁之前，先榨一两个猕猴桃垫底，再榨苹果汁，用勺子把果汁上层的泡沫舀出来吃掉，下面的果汁装在不透光的密封瓶里带着去上班，一般两个小时都不变色。总之，基本原则是以苹果为主，加入少量其他果蔬，比如番茄、芹菜等，可随季节变化适当调整。

　　需要明确的是：果蔬汁不是药，果蔬汁本身不能治病，它只是浓缩的营养，给你的身体提供最清洁高效的燃料。人体是世上最精密的机器，本身有着强大的自愈能力，当你的身体足够清洁且能量充足时才会自动修复被损坏的部位，所以它不一定会有立竿见影的效果，别指望着靠果蔬汁治百病。《人体使用手册》的作者吴清忠曾说："养生之道没有捷径，我们几十年用下来的身体，用使用时间的十分之一调养回来应该是很合理的。"也就是说，如果你有30岁，那么用3年时间来调养身体一点都不过分。

　　水果和蔬菜是上天赐给人类最好的食物，我们一定要珍惜！

胡萝卜汁

隆重推荐胡萝卜汁，因为胡萝卜是胡萝卜素的最佳来源，而胡萝卜素在体内可以转化成维生素 A，对眼睛非常好，此外还有提高免疫力及抗癌等作用。

尽管专家们一再强调胡萝卜素和维生素 A 是脂溶性的，要在油脂的作用下才能更好地被人体吸收利用，但这并不意味着没有油脂的参与，胡萝卜素就一点都吸收不了。胡萝卜中含胡萝卜素极多，哪怕只能吸收 10% 也够用了，何况胡萝卜汁中还含有其他的营养素。谁能每天都吃油炒胡萝卜呢，但每天喝小半杯胡萝卜汁就能轻松保证每天均衡稳定地摄入胡萝卜素了。

很多汁友都反映，每天喝胡萝卜汁一段时间以后，眼睛明显地舒服了许多，不再像以前那么容易干涩疲劳了，我想，事实胜于雄辩吧。但是，胡萝卜素摄入过多会使皮肤发黄，所以，胡萝卜汁也不能多喝，每天榨两根中等大小的胡萝卜还是比较安全的。另外，据说胡萝卜中含维 C 分解酶，能把与它混合的其他食物中的维生素 C 分解掉，所以，胡萝卜汁最好能单独喝，不宜与其他果蔬汁混合。

菠萝苹果汁

加了菠萝汁的苹果汁格外香甜，氧化速度也慢。菠萝提前用盐水泡半小时，去除过敏物质，榨汁时先榨菠萝垫底，再榨苹果，基本上两三个小时内果汁不变色，泡沫也少。但是，菠萝是热性的，不能多吃，菠萝苹果汁只适宜偶尔喝，最好不要连续喝几天。菠萝渣不会氧化变色，可以从渣桶中取出来吃掉，又香又滑，一点也不浪费。也可以用菠萝渣拌个水果沙拉，对便秘很有效果。

再来聊一聊喝汁吧。经常有同学留言说喝果蔬汁有一段时间了，但是身体没有感觉到任何变化。我想，每个人的体质不同，体内的垃圾多少也不同，有人变化快些有人慢些，只要你喝的方法对，量也足，坚持下去，一定会有效果的，就像我们的头发、指甲，每天都在长，可你却看不到今天比昨天长了多少，量变到一定程度才会质变吧。拿我老公来说吧，他在早餐喝果蔬汁 3 个月以后，我能看到他气色变好了，但他一直坚持说没有什么感觉，直到有一天，他突然发现自己眼睛下面存了好几年的小疙瘩消失了。我们身体表面或内部长的任何不该长的东西都是垃圾，吴清忠老师说，除了消化道内的垃圾是通过排便清除以外，人体内其他部位的垃圾必须先溶在血液里，才能通过尿液排出，这说法真的很有道理，让我们深受启发，也许这就是喝果蔬汁排毒效果那么好的原因所在，所以现在我老公喝汁可积极啦。

在我老公身上另一个比较明显的变化就是味觉变灵敏了，饮食清淡了很多。以前他口重，吃得特别咸，别人吃着合适的菜他就觉得没味，他评价一个菜好不好吃就一个标准——够不够咸，所以我家冰箱里常备着咸菜、酱豆腐什么的，明知道盐吃多了非常不好，可也没办法。前些天去一个朋友家聚会包饺子，我和老公觉得咸淡合适的素饺子别人都说太淡，我几乎不敢相信，可所有的朋友都这么说，甚至还有人说淡得就像没放盐。我们虽然知道现在口味清淡了些，但差距如此之大实在太让我吃惊了。

还有更多的汁友反映在喝汁一段时间以后，开始喜欢清淡饮食，对大鱼大肉渐渐失去兴趣，毫不费力地成为素食者。

自制琥珀核桃仁

仿佛一夜之间，大街上突然冒出了许多连锁销售的零食专卖店，我家附近就有两家，店名就不说了，反正里面都是些话梅、蜜饯、肉脯、饼干、点心之类的小零食，价格似乎都不便宜。不得不佩服商家敏锐的头脑，这么多零食店大张旗鼓地开起来，说明广大人民群众的需求是强烈的。但不知有多少人能意识到，这些零食大多数都是榜上有名的，什么榜？当然是垃圾食品排行榜。为什么是垃圾食品？您仔细看看它们的成分表就知道了。

有不少朋友抱怨说，基本上所有消遣类的零食都是垃圾食品，那我们嘴馋的时候怎么办？其实也有办法，自己动手做相对健康的解馋零食啊，不敢说绝对健康，只能说比外面卖的要健康，当然不吃零食最好。

原料　生核桃仁、熟芝麻
　　　　红糖

做法

1. 点小火，锅里先放 3 汤勺的水，再放红糖，用筷子不停地搅拌，待红糖全部溶化，放入生核桃仁。

2. 继续搅拌，使每块核桃仁都裹上红糖汁液。

3. 等红糖汁收干，迅速把核桃仁盛到大盘子里，趁热撒上芝麻拌匀。注意：要把核桃仁盛出来再撒芝麻，不要图省事而把芝麻直接撒到锅里，这样会有很多芝麻粘在锅底而浪费掉，这可是笨鸟的前车之鉴哦。

4. 把沾好芝麻的核桃仁摊开晾凉即可。

🐦鸟语：一定要少做，否则你会因为太好吃了而忍不住一颗接一颗地吃光的，切记！

水晶糯米枣

原料　无核红枣
　　　　糯米粉（汤圆粉）

做法

1. 温水把糯米粉揉成面团。无核红枣用剪刀剪开一边。揪一块糯米面，塞进红枣里。

2. 全部做完以后把红枣均匀地码在蒸屉里，糯米受热后会很黏，所以枣与枣之间要留有空隙，糯米面露出的一面朝上，否则熟了以后会粘在一起。

3. 开锅后中火蒸 10 分钟就可以了，糯米由白色变得晶莹剔透。稍凉之后再用筷子逐一夹到盘中，再浇上蜂蜜水颜色会更漂亮。不过我没有加，枣已经够甜了。

香酥黑豆

原料　黑豆

做法

1. 黑豆先在清水中浸泡一个半小时，这时豆皮被泡得皱皱的而且裂开，露出里面的绿色。

2. 沥干水，在炒锅中小火翻炒，直到水汽被炒干，豆子变得光滑干燥，锅里有啪啪的响声，有浓浓的豆香飘出就差不多了，出锅前先尝尝，确认一下是不是真的炒干了。估计得花十几到 20 分钟左右。

3. 晾凉后装进密封的玻璃瓶，里面放一袋干燥剂，每天饭后看电视的时候咔叽咔叽嚼几颗就行。

自制内酯豆腐

之前在博客里我发过一个自创的简易豆腐脑的做法，是用买来的盒装内酯豆腐代替豆腐脑，因为我觉得内酯豆腐的口感和豆腐脑很像。没想到啊没想到，原来内酯豆腐其实就是豆腐脑，它们的制作方法完全一样，都是用豆浆加入一种凝固剂而成，哈哈，歪打正着，我都佩服我自己了。现在有了凝固剂，我自己也能做内酯豆腐了。

原料　豆浆
　　　　凝固剂

做法

当然最重要的就是凝固剂了，它的大名叫作葡萄糖酸内酯，是一种食品添加剂。我也不知道在哪里能买到，我这个是别人给的。

按照说明，1000 克豆浆加入 3 克葡萄糖酸内酯，先把它们溶在少量冷水里。

豆浆煮熟，关火等 1 分钟左右，待凉至 80~90℃，把溶好的葡萄糖酸内酯倒入，搅匀，静置 15~20 分钟，豆浆就凝固成白白嫩嫩的豆腐脑啦。豆浆保持在 80~90℃时凝固最好，为了保温，我用了砂锅，要是冬天最好用焖烧锅。

🐦鸟语：有了内酯豆腐，做法就可随意了，可以做简易豆腐脑、凉拌木耳豆腐、咖喱豆花等。

自制柠檬醋

柠檬汁具有很强的杀菌能力，本身又有一种特殊的香气，因此常常被当作调味品使用。可柠檬切开以后如果一次用不完，剩下的即使放冰箱里时间长了也会变质。我曾经把一小瓶柠檬汁存在冰箱里，结果只几天就长毛了，心疼死我了，所以自己做一瓶柠檬醋随用随取是一个不错的办法，尤其适宜夏季拌凉菜时使用。

原料　柠檬两个
　　　　陈醋半瓶

做法

1. 柠檬洗净擦干，晾一晾，切成薄片装进玻璃瓶。

2. 灌满醋，盖紧瓶盖，放进冰箱里。

3. 一个月后捞出柠檬，为避免浪费，最好用纱布把柠檬片挤干。现在柠檬醋就做好了，拌凉菜时用这个柠檬醋代替普通醋，既杀菌又提味，还能美容促进消化，一举数得呀。

🐦鸟语：

1. 正宗的柠檬醋配方里还有冰糖，个人认为吃糖有损健康，所以私自把冰糖去掉了。

2. 柠檬泡在醋里30天就好，时间长了会变苦。

3. 做好的柠檬醋能不能在常温下保存我也不知道，反正我是放在冰箱里的。

4. 胃酸过多的朋友最好别吃柠檬。

用茶壶生豆芽

自打听说了外面卖的豆芽大都是用激素催长的恐怖传说之后，我就再也不敢买菜场的豆芽了，后来竟然在网上看到有卖豆芽生长激素的，其中包括：生长素、无根素、增粗剂、增白剂、防腐剂、速长灵、杀菌灵、保鲜粉、水溶 AB 粉、水不溶 AB 粉等等等等 N 多个品种。

我的天老爷，这太可怕了，在这个饮苦食毒的时代，想吃豆芽都不容易。幸好有生机饮食专家介绍用茶壶生豆芽的方法，我来试一试。

凉拌绿豆芽

原料 粉丝、绿豆芽、胡萝卜
姜、辣椒油

做法

1. 姜切成碎末，调入醋、盐、香油和辣椒油做成调味汁。因绿豆芽性寒，所以吃的时候要同时吃一些姜来中和。

2. 粉丝、绿豆芽、胡萝卜用开水焯熟，捞出后迅速用凉水冲凉。

3. 浇上调味汁拌匀即可，要是撒些香菜会更漂亮。

第一天：新鲜绿豆提前泡了一夜，有的豆皮已经开裂，浸泡得相当充分。沥干水分，绿豆装进茶壶，高度还不到茶壶的三分之一处。每天淋水三四次，打开壶盖灌进去，淋透了再从壶嘴倒出来。

第二天：长出小嫩芽。专家说：豆类在发芽时最有营养，因为其中的蛋白质已经转化成氨基酸，更容易被人体消化吸收。现在市场上有一种发芽糙米，价格是普通糙米的好几倍，就是因为营养价值高。喜欢自己做豆浆的朋友最好也等豆子发一点芽时再打豆浆。

第三天：豆芽更长了，白白胖胖的，豆皮全部裂开，高度也涨到了茶壶的三分之二处。

第四天：高度已经涨到了壶口，里面塞得满满的，倒出来足足有一盆，要不是有盖挡着，肯定就钻出来了。

鸟语：

1. 发芽最适宜的温度是25℃，太热了容易烂，太冷了长得慢，所以在春秋季或冬季有暖气的房间内比较合适。

2. 发芽时要注意避光，豆芽见了光会发红变色。

自种小麦草

　　所谓小麦草就是咱们常说的小麦苗，小麦草是台湾及东南亚地区的叫法。雷久南博士推广小麦草已经有二十多年了，据说小麦草有很强的排毒及抗癌的作用，其中富含的叶绿素因其成分与血液相近，因此被称为绿色血液。目前国内大众对小麦草的了解并不多，东南亚及欧美地区对小麦草和大麦草的认知程度要高一些，国内生产的速溶麦草粉基本上都是供应出口。

做法

1. 小麦种子用清水浸泡12小时，沥干水，盖上湿布放避光且通风处，一天淋两次水，像生豆芽一样等待发芽。

2. 种草的容器用纸箱或花盆都可以，我用的是纸箱，把发了芽的种子撒在土里，上面再盖上一层土，每天洒水保持土壤湿润即可。

3. 几天以后就会长出小苗，刚长出时比较细小，长高后叶面会展开。

4. 每片叶子上都顶着可爱的小水珠，长得郁郁葱葱，生机盎然。

5. 长到5至8寸就可以收获了，用剪刀从根部以上剪下，剩下的会继续生长，还能再剪一次。

6. 普通的离心式高速榨汁机榨不了小麦草汁，要用低速研磨式的。如果没有就只好像切韭菜一样把小麦草切碎，然后加水用搅拌机打烂后过滤，得到小麦草汁。草渣可以用来洗蔬菜水果或洗菜池，去污力很强。小麦草汁有浓浓的青草香气，喝过之后满口甘甜，像喝过绿茶之后回甘的感觉，舌尖上还有一点点辣。

夏

紫甘蓝沙拉

　　每餐饭适当地生吃一些蔬菜，不但能最完整地保留蔬菜中的营养，而且还更容易被消化和吸收。那是因为生的蔬菜中含有酵素，这是一种消化酶，酵素在60℃以上就会分解，所以炒熟的菜中所含酵素极少，要消化这些菜就必须依赖人体自有的消化酶，效果当然要打折扣了。

原料　紫甘蓝、胡萝卜
　　　　黄瓜、生核桃仁

做法

把上面几种蔬菜切成细丝、生核桃仁压碎，拌在一起，调入橄榄油、盐、蜂蜜、柠檬汁做成的调味汁，腌一会儿就可以吃了。

鸟语：柠檬汁有很强的杀菌作用，所以生吃蔬菜的时候最好能加些柠檬汁或醋消毒。

家常炒茄丝

　　前两天中午，我们公司食堂吃西兰花，因为其他菜都是荤的，只有这一个菜是素的，所以我要了好多。刚吃了两口，我同事就从菜里发现一条虫子，当时就把我吓得够呛，夯着胆子又吃了两口菜，另一同事也从菜里发现一条虫，我立马食欲全无，一盘子饭菜全部倒掉。我一向对虫子有超级恐惧症，一见虫子，魂就吓没了，所以我家的粮食都是放进冰箱保存的。像这种容易生虫的菜更是买都不敢买，估计以后连吃都不敢吃了。在网上曾见一 MM 说最怕两种动物，一种是没脚的，一种是好多脚的，想了想我好像也是这样。

　　还是茄子好，光光溜溜的，又没虫子又好洗，是我们家夏天最常吃的菜。

　　最喜欢北方的圆茄子，比长茄子好吃。

原料　圆茄子
　　　　青椒或尖辣椒

做法

圆茄子连皮一起切成丝，用油炒软后放青椒，喜欢吃辣的就放尖辣椒，很下饭的菜。

豆角盖被

　　最初喜欢上这道菜，是因为这道菜的名字。在一次和朋友们的腐败聚餐中，当服务员端上这道菜时，在座的一个东北朋友说这叫豆角盖被，真是太形象了，炖扁豆上盖着一张薄饼，这菜一上来，三下五除二就被朋友们抢光了。当然饭店里做的是有肉的，我把它改良成素的，味道也不差。

原料　扁豆、土豆、粉条、自发粉
　　　　黑芝麻、黄酱、大料（八角）

做法

1. 自发粉加芝麻，用温水揉成面团，放在一边饧面。不要多，能擀成一张薄饼就可以。

2. 扁豆择好洗净沥干水分，土豆去皮切成滚刀块，粉条用热水泡软，黄酱两勺加点水调稀。

3. 面饧好后擀成一张薄饼，我加芝麻是为了增加香味。

4. 炒锅烧热倒油，开小火，放3粒大料爆出香味，再放黄酱，依次下扁豆、土豆，翻炒一会儿。

5. 最后下粉条，放一点盐，加开水，使水刚好与菜齐平。

6. 把擀好的薄饼铺在菜上，盖锅盖，用小火焖15分钟，利用蒸气把饼蒸熟。如果怕蒸气透不上来，可用叉子在饼上扎几个小洞。

7. 吃的时候把饼撕碎直接和菜拌在一起，饭量小的就不用再吃别的主食了。

鸟语：东北人把扁豆叫豆角，它的正式名称应该是"豆角烙饼"。

清炒茭白

　　茭白是南方菜吧，小时候很少吃到，我妈偶尔做一次也是用肉炒，所以给我的印象是茭白一般和肉搭配的。这是笨鸟第一次用茭白做菜，素炒的，还不错，以后可以列入常吃菜谱。

原料　茭白
　　　　青椒

做法

1. 剥去茭白粗硬的外皮和根部，切成粗丝。
2. 用油先把茭白丝炒软，加盐和生抽。
3. 最后放入青椒丝略炒就行了。

丝瓜炒毛豆

原料　丝瓜、毛豆仁
　　　　红椒

做法

1. 丝瓜去皮切成滚刀块，撒上盐抓匀略腌几分钟，这样可以防止丝瓜变黑。
2. 毛豆仁用开水煮 2 分钟后晾凉。
3. 炒锅烧热放油，先下毛豆仁翻炒，再放丝瓜，加一点点水，防止温度过高使丝瓜变黑。
4. 等丝瓜炒软放盐、红椒略炒即可。

熏干炒毛豆

笨鸟喜欢吃毛豆，尤其是用油炒过之后，特别香。

原料　熏干、毛豆仁
　　　　红辣椒

做法

1. 新鲜的毛豆仁先用开水煮 2 分钟，捞出冲凉。熏干或其他豆腐干切成小丁。
2. 油烧热，放两粒八角爆香，再放熏干和毛豆仁翻炒，加点盐，最后撒上红辣椒。这个小菜就粥、拌饭都好吃。

孜然西葫芦

昨晚看完电视已经九点半了，才想起第二天要带的菜还没着落呢。唉，每天带饭真是挺麻烦的，有利就有弊呀。幸亏家里有两个小西葫芦，好了，10 分钟搞定。西葫芦是我非常喜欢的懒人菜之一，不需要多高的技术，随便洗洗切切炒炒，比圆白菜还省事，而且炒出来总是嫩绿嫩绿的，看着就那么新鲜水灵。

原料　西葫芦
　　　　红椒

做法

西葫芦和红椒洗净，连皮切成丁，先用热油炒软西葫芦，再下红椒，放适量盐和孜然粒略炒即可。

素炒油豆角

原料　油豆角
　　　　八角（大料）

做法

1. 把油豆角斜切成粗丝，开水烫一下，捞起沥干。

2. 炒锅烧热放油，先放两粒八角爆香，再加入油豆角丝翻炒。

3. 等油豆角丝变软，加适量盐，盖上锅盖小火焖 15~20 分钟。

🐦鸟语：油豆角中的豆粒较大，不容易熟，所以加热时间要长一些，确保彻底焖熟才可食用，否则会引起食物中毒。

素焖扁豆丝

　　扁豆如果炒不熟吃了会中毒，所以我从小到大吃我妈做的扁豆都是焯了又焯，炖了又炖，搞得又水又烂不好吃。后来我学了这个做法，挺不错的，有点扁豆焖面的味道。

原料　宽扁豆
　　　　大料（八角）

做法

1. 宽扁豆洗净控干，斜切成丝，这样比较容易熟透。

2. 热锅凉油，放两粒大料（八角），爆出香味，放入扁豆丝翻炒，等扁豆丝变软且出水后，盖上锅盖，小火焖 10 分钟，加点盐出锅。

胡萝卜炒苦瓜

　　对不爱吃苦瓜的人来说，大概怎么做都不爱吃，我和老公都不爱吃苦瓜，尤其是炒的，所以家里很少做，一年难得吃上几次。但是据说苦瓜对降血糖很有效，血糖高的同学不妨多吃点，再难吃也不会比药更难吃吧。

原料　胡萝卜
　　　　苦瓜

做法

1. 苦瓜去籽切片，用盐腌一会儿，然后把腌出的水挤出去，这样苦瓜炒出来就没那么苦了。

2. 胡萝卜切成半圆片。

3. 热锅凉油，先炒胡萝卜，再放苦瓜略炒，加点盐即可。苦瓜是用盐腌过的，所以加盐之前最好先尝一下。喜欢吃辣的还可以加些辣椒同炒。

黄瓜拌豆皮

　　家里亲戚从东北带回来的豆皮，不知道该叫干豆皮还是油豆皮，在北京没见过，感觉和腐竹很像，只是没有像腐竹那样卷起来。和黄瓜丝拌在一起特别好吃，吃过的人都赞不绝口。

原料　干豆皮
　　　　黄瓜

做法

干豆皮先用温水泡软，再用开水烫过，晾凉切成粗丝，和黄瓜丝一起拌，只放一点盐和香油调味即可。

老虎菜

　　这是一道家常的东北小菜，它完全不同于川菜的麻辣，而是一种无药可救的干辣，尤其是在炎热的夏天，几口吃下去包你毛孔张开，热汗直流，越吃越辣，越辣越想吃，在食欲不佳的时候不妨试一试。

茄汁菜花

　　是谁说的来着？"生活中不缺少美，而是缺少发现美的眼睛"，的确如此。前几天在李碧华的博客看到一篇美文，说是非常喜欢北京街头的一种大肚瓷瓶装的酸奶，尤其对那个大肚瓷瓶更是情有独钟，甚至特意带回台湾做花瓶、做笔筒。说来也怪，本来是从小到大司空见惯、普通得足以被人忽视的东西，如今借李碧华的眼一看，果然是可爱，赶快在上班的路上买了一瓶，连瓶子一共才2块5，太便宜了。喝光酸奶，把空瓶洗干净灌

原料　尖辣椒、黄瓜
　　　　香菜

做法

尖辣椒切丝，黄瓜切小块，香菜切段，放盐和香油拌一拌就可以了。

满水，从花盆里拔了一枝绿萝插上，嗯，别有一番韵味。旁边的同事看见了也非常喜欢，又帮她们买了两瓶，于是这些胖墩墩的家伙就雄赳赳地站在我们的电脑机箱上了。告诉你个小秘密，绿萝像这样连根泡在水里就能长得很好，还会慢慢长出娇娇嫩嫩的新叶子，绿油油的，只需隔几天换换水就行，放在电脑边既能美化环境，又能净化空气。

　　对于食物也是这样吧，也许，换一种做法你就喜欢了。像这种菜花，以前我是不吃的，觉得没有味道，直到吃过了"茄汁菜花"，才知道原来菜花也可以做得这么好吃。

原料 菜花、胡萝卜
　　　豌豆、番茄酱

做法

1. 菜花掰成小朵，洗净，开水焯过捞出晾凉，豌豆煮熟，胡萝卜切片。

2. 炒锅烧热倒油，先炒胡萝卜片，再下菜花，加开水炖一小会儿，等菜花变软时加入豌豆，加适量盐，然后放番茄酱，要多放一些，最后用水淀粉勾芡，起锅。

凉拌苤蓝

　　生食蔬菜是个好习惯，如果每餐都能保证一定量的生食对健康是大有益处的，但是由于农药残留的问题，能让人安心生食的菜并不多，所以生食最好选择那些能去皮的，比如黄瓜、莴笋，还有我今天隆重介绍的苤蓝。

　　说苤蓝是最适合生食的菜，不仅因为它能去皮，更因为它含有极丰富的维生素 C 和维生素 E，据说一杯煮熟的苤蓝中维生素 C 的含量是"每日建议摄取量的 1.5 倍"，所以生食能最大限度地保留这些营养素。

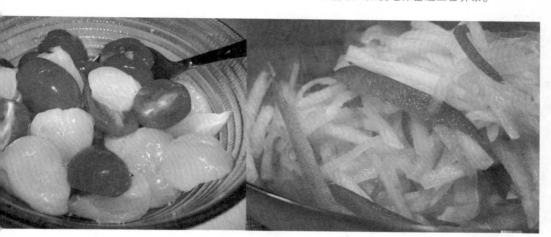

荔枝番茄

　　荔枝是大多数人都喜欢吃的水果，可是荔枝太甜了，吃几颗就觉得甜得发腻。突然想到，和番茄拌在一起试试，再加一小勺蜂蜜，果然酸甜爽口，边吃边看电视，真是享受啊。

　　过去我们常吃白糖拌番茄，后来才知道白糖对身体是非常非常不好的，很多代谢类疾病都是糖类摄入过多引起的，所以现在我们都不吃白糖了，如果非吃不可，就用红糖或蜂蜜代替吧。

原料 苤蓝
　　　红椒

做法

很简单，苤蓝去皮切丝加点盐和香油即可，加几根红椒丝更漂亮。

凉拌紫甘蓝胡萝卜

过完周末，星期一成了很多人最疲惫的一天，但还得打起精神来对付繁杂的工作。所以，这天中午的食谱不要再用难以消化的油腻食物给身体增加更多的负担，否则下午将会更加无精打采。让未被破坏的生菜的丰富营养给身体注入强劲的生命力，令你恢复到神清气爽的高效率吧。

原料 紫甘蓝
胡萝卜

做法
紫甘蓝和胡萝卜切丝，放适量橄榄油、盐、白醋、红糖粉拌匀，装入饭盒即可在午餐食用。

凉拌马齿苋

天气热没有胃口，只想吃清爽的凉拌菜，所以夏天的食谱中凉拌菜自然就会多些。

原料 马齿苋

做法
马齿苋沸水中煮熟，放点盐、香油、姜末即可，千万别放醋，因为马齿苋本身有点酸。

青笋烧菇

有哪位同学知道这是什么菇呀？反正卖菇的老伯说了好几次我都没听懂。白白胖胖的，像小人儿似的，很可爱~

原料 莴笋
菇

做法
把菇在沸水里煮一下，再和青莴笋清清淡淡的烧熟，放点盐就好。

麻酱凤尾

总是做这样简单的菜，因为我们跟其他的烹饪高手实在不在一个层次呀。好在我们写博客的目的是推广健康饮食，嘿嘿~ 奉上好吃又营养的麻酱凤尾，感恩各位朋友这么久的捧场，愿你们身体健康、幸福平安。

原料 莴笋、芝麻酱
红糖

做法
莴笋尖洗净切段，撒点盐。芝麻酱加水调到适当浓度，加一点点红糖调味，淋在凤尾上即可。

蓑衣黄瓜

一道简单实用又很容易出彩的凉菜,我身边的同事按照我的方法也一次成功,当然我也是跟高手学的,好东西就要和大家分享。

原料 黄瓜

做法

1. 挑选一根新鲜顺直的黄瓜,两边放两根筷子,刀口垂直向下切成2毫米厚的薄片,切到黄瓜的三分之二处,下面不要切断,当然,有筷子保护是不会切断的。

2. 切完一面后把黄瓜翻过来切另一面,注意这时要把刀尖掉转45°角,还是垂直向下切成斜片。

3. 把切好的黄瓜用盐腌10分钟。

4. 按自己的喜好做调味汁。可以简单地用酱油、醋、香油,也可以炸点花椒油、辣椒油等。

5. 把腌好的黄瓜冲洗干净,控干水分,浇上调味汁。因为黄瓜切得很细,所以比较容易入味,吃起来酸甜香辣、脆嫩可口,保证让你吃过一次还想吃。看到这里你已经跃跃欲试了吧,那就快试试吧。

青芥金针菇

金针菇是一种高营养低热量的健康食品，尤其是赖氨酸含量较高。赖氨酸是人体合成蛋白质所必需的氨基酸，素食者应该常吃。

原料 金针菇、青芥
　　　　熟芝麻

做法

青芥加上生抽做成调味汁，金针菇择洗干净在沸水中烫熟，晾凉拌入调味汁即可。撒点熟芝麻吃起来更香。

🐦鸟语：人吃了没煮熟的鲜金针菇会中毒，所以在焯烫时一定要注意多煮几分钟。

凉拌莴笋丝

川菜中有个"蚂蚁上树"，我这个可以叫作"蚂蚁上山"了，呵呵。生机饮食中一个很重要的思想就是"生食"，即：生吃蔬菜和水果，这样可以最大限度地保留食物中的营养和有助于消化的酵素，比如莴笋就比较适合生食，除了具有脆嫩可口的优点外，还不用担心表面残留的农药，因为吃的时候要削去厚厚的皮。我也是最近才知道莴笋可以生吃的，所以赶快来报告一声。

芝麻也是非常好的食材，含有丰富的维生素E、钙、铁等营养物质，每百克芝麻酱中含铁量比猪肝高一倍，比鸡蛋黄高6倍，含钙量比蔬菜和豆类都高得多，仅次于虾皮，所以素食的朋友真的不用担心营养不良，经常吃些芝

麻或芝麻制品对健康十分有益。还要提醒大家的是：芝麻的营养集中在种子内部，芝麻的外皮会阻碍营养的吸收，所以整粒的芝麻要碾碎后再吃才能充分吸收到营养。以前看《大长今》的时候，见他们做什么菜最后都要撒上一把芝麻，现在想来还是很有道理的。

原料　莴笋
　　　　熟黑芝麻

做法

莴笋去皮切成细丝，放一点盐、醋、香油，撒上熟芝麻拌匀即可。莴笋容易吸咸味，所以盐一定不要放多了。

🐦鸟语：曾有同学问熟芝麻在哪儿买，超市里卖的芝麻大部分都是生的，可以买回去自己炒熟，但是生芝麻清洗比较困难，炒的时候一不小心还会炒糊。有的超市有小包装的熟芝麻卖，看着干净，用着也挺方便的。我在超市里还买过一种纯芝麻核桃粉，据说是手工磨制，但是感觉吃着没有芝麻香。还有菜市场里卖现磨香油的地方应该也有熟芝麻，因为香油是用熟芝麻磨的。

剁椒青笋

青笋是现在的时令蔬菜，既新鲜又便宜，凉拌青笋也是通行的一种做法。但现在的很多调味料都问题很多，比如防腐剂，比如味精，比如白糖……所以最好还是天然的调料比较健康。

原料 青笋、剁椒
柠檬汁

做法

青笋去皮切条，撒少量盐和剁椒，淋上新鲜柠檬汁，腌渍30分钟即可食用。口感酸辣生脆。

🐷 豆哼：剁椒用的是小米椒，很辣的，只需放几粒。

腰果黄瓜

今天的腰果黄瓜是用齐善的梅子酸辣汁调的。说是酸辣汁，其实不辣。味道比番茄酱淡一点，吃起来比较清爽。

原料 腰果
黄瓜

做法

生黄瓜刷洗干净后切块或拍碎，生腰果（或煎一下）一把，浇上齐善的梅子酸辣汁（或番茄酱）即可。

茄汁黄豆

这道菜属于西餐，国际素食网介绍的。酸酸甜甜的很开胃，又有营养，很适合夏天。

原料 黄豆 200 克，用凉水泡软
番茄 3 个，去皮，切碎
柠檬 1 个，榨汁
淀粉 1 茶匙
糖 1 茶匙（我用的是红糖粉）
盐和植物油适量

做法

1. 黄豆用凉水完全泡开后，倒掉泡豆的水，把豆放入砂锅中，加水稍稍没过黄豆，大火煮开后，撇去漂浮的泡沫，加盐和糖并转小火盖盖儿煮。

2. 待水分逐渐减少，不能完全没过黄豆的时候，加入番茄，大火煮开后，转小火继续煮。

3. 待番茄煮烂成汁且黄豆完全煮熟后，用大火收汁至黄豆浮出水面，将淀粉用凉水调开后加入，搅匀后煮开，再加柠檬汁和植物油搅拌一下即成，待凉后可以放入冰箱中冷冻，随吃随取。

🐷 豆哼：

1. 泡豆的水一定要倒掉，加新水煮，否则会有苦涩味。

2. 柠檬我是直接挤的汁，榨汁会有点苦味。

3. 事实证明，不应该再放糖，对我们的口味来说实在太甜了点。

生拌番茄豆腐

豆腐的营养就不必多说了，呵呵，听说现在连欧美人也很热衷哦。前几天吃外食的时候和素友达成一个共识，以后永远不点麻婆豆腐这道菜，因为实在太油了，而且所有的餐馆，应该说是所有的厨师都会把麻婆豆腐做得很油。其实是现在的人大鱼大肉吃惯了，吃清淡的菜就会觉得没味道，餐馆为留住生意当然就会不吝加油咯。

原料　生豆腐、番茄
　　　　芹菜、榨菜

做法

生豆腐烫熟切成丁，撒上生番茄丁、生芹菜粒、生榨菜粒，再均匀地撒少许盐，几滴香油就可以啦，千万不要放醋哦，有句俗话叫"正做不做，豆腐放醋"，猜猜什么意思呢？哈哈！

蜜汁翠衣

西瓜皮丰富的营养，打理好后更有晶莹剔透的颜色和清脆的口感，可不费点功夫你就享受不到这些，尽管吃不吃西瓜皮是个无所谓的事，但你不怕麻烦的话，就总会在麻烦过后收获点什么。

做法

西瓜皮削掉表面的绿皮切成条，拌上少许蜂蜜即可。

粉丝拌黄瓜

这个菜有个致命的硬伤会让同学们笑掉大牙。拌粉丝的菜也应该切成丝，土豆泥居然切的是片。其实是当时素餐厅的厨师长很忙，来不及把黄瓜切成丝，就随手切成片，厨师长还交代：加点白菜丝更好吃。结果，土豆泥一进厨房就把什么都忘了，只管凭记忆依葫芦画瓢，哈哈！

原料　黄瓜、粉丝
　　　　白菜

做法

1. 粉丝煮熟冷水冲凉，黄瓜和白菜（图片里没白菜）切丝用盐腌一会儿。

2. 干辣椒油里过一下，然后用过了辣椒的油淋在粉丝白菜黄瓜里，加点生抽、香油，喜欢甜味的加点红糖粉。哦，有花椒的话也可和干辣椒一起过过油，会更香。土豆泥买了很香的新鲜花椒，但也忘了放，其烹饪水平之业余由此可见一斑，实乃超级不可救药也。

坚果拌三丝

这又是一道简单清爽的小菜，做法跟一般的拌菜差不多。菜丝先用盐腌30分钟，加点橄榄油、白醋、红糖、生腰果碎即可。原料随意搭配，我用的是胡萝卜、莴笋、苤蓝。

萝卜干毛豆炒饭

毛豆大家都不陌生吧，水煮毛豆一直是夏季街头大排档的招牌之一。问个问题先：毛豆与黄豆有啥关系？恕我无知，直到前几天和老妈聊天时我才知道，原来毛豆就是年轻时的黄豆，黄豆就是年老时的毛豆，真是出乎意料！老妈对我的无知备感惊诧，说像我这样的应该送到农村去锻炼。我不服气啊，马上考问了老哥、老公、身边的同事……结果呢，嘿嘿，没一个知道的，天下乌鸦一般黑。

原料 萝卜干、毛豆
　　　　胡萝卜、米饭（最好是头天的剩饭）

做法

1. 新鲜毛豆剥出豆粒，煮熟。萝卜干洗净切碎，胡萝卜切丁。

2. 炒锅倒油烧热，先炒萝卜干，再下毛豆和胡萝卜，最后下米饭炒匀，酌情加一点盐。

🐦鸟语：不同品牌的萝卜干可能咸淡程度不同，太咸的就要洗一洗。另外萝卜干炒过之后会比较香，比直接吃好吃。

茴香杂粮炒饭

古人云：攻城为下，攻心为上。与其在孰是孰非的争辩中对立，不如让肉食者在不知不觉中吃素。

原料 糙米、薏仁、玉米糁
大麦米、红薯、豌豆
蘑菇、南瓜、胡萝卜、茴香

做法

1. 糙米、薏仁、玉米糁、大麦米、红薯、豌豆……煮成杂粮饭，煮的时候加点橄榄油更好吃。

2. 蘑菇、南瓜、胡萝卜用橄榄油炒熟。

3. 把杂粮饭倒入其中再炒一下，放点盐，再撒上茴香末即可。

夏日营养小粥

粥的浓度很重要，既不能太清，也不能过稠，如果控制不好该加多少水，放点芋头就能轻松解决这个问题。

原料 玉米糁、大米
芋头、嫩豆腐

做法

先将泡过的玉米糁和大米熬熟，再下芋头煮10分钟左右，最后嫩豆腐切块放进去烫一下即可。

豇豆焖饭

眼下豇豆又登场了。这一类有着内部结构的菜光炒没意思，要焖一阵才更入味，所以就来个豇豆焖饭吧。

原料 豇豆、姜
米

做法

1. 先把米煮得半熟，然后沥起来，米汤放一边备用。豇豆和几片生姜下油锅炒一下，放比单炒多一点的盐，再加水和豇豆齐平。

2. 把半生的米均匀地铺在豇豆上。

3. 盖上小火焖煮，听到噼里啪啦的爆响后揭盖尝一下豇豆是否熟了。没熟的话就从边缘再加点水下去，直到再爆响，一般就可以翻炒混合好起锅了。

4. 米汤营养好又浓稠，正好做个木耳丝瓜汤。

🐾豆叮：有饭、有菜，还有汤，叫三菜一汤没错的，嘻嘻。

这碗饭看起来跟炒饭差不多，吃起来就知道不一样，因为用的时间火候不同。炒饭用的米是煮熟了的，开足火力，很快就好。但饭和菜的味道是分开的，饭里沾染的最多是调料的味儿。焖饭用的米尚半生不熟，火不能太大，否则下面的菜都烧焦了，饭还没熟。多花点时间，米就会吸收更多菜的味道。所以，焖饭的滋味就是要比炒饭丰富些。

炫彩荷叶饭

原料 胡萝卜、香菇
甜玉米、米、荷叶

做法

1. 胡萝卜粒、香菇粒、玉米粒和姜片用橄榄油炒香，放点盐。

2. 和煮过一下的饭拌匀放在洗净的新鲜荷叶里包好，蒸30分钟即可。

荷叶粥

炎炎夏日，清热解暑的饮食就很重要，来碗养胃又养眼的荷叶粥吧。我们只需用搅拌机把荷叶的精髓取出来，倒入煮好的白粥里，就是全汁全味的荷叶粥。

原料 大米、糯米
荷叶

做法

1. 大米和糯米适量煮成粥。

2. 新鲜荷叶半张切碎放入搅拌机，再加点凉开水搅成浆，倒入滤网滤掉渣，将荷叶汁倒入煮好的粥里拌匀。

3. 加点齐善香菇素松，味道更香，营养更好。

笨粽子

又到端午节了，笨鸟第一次尝试包粽子，虽然包得很难看，总算是没煮成一锅粥。去年端午节就是糊里糊涂过的，当时就下决心今年一定要亲手包几个，今年再下决心，明年一定包得漂亮些。

我买的是干粽叶，很便宜，一块钱买了好多，先把干粽叶用清水泡几个小时，洗干净，用开水煮软，大概要十几分钟。圆糯米也提前泡两三个小时。粽子的包法有很多，有三角粽、四角粽、枕头粽等，我还是包最简单的三角粽吧。

小时候见过我妈包粽子，依稀记得是像这样把粽叶卷成圆锥形，粽叶的光面在里，毛面在外，放入泡好的糯米、红枣或豆沙。

下面该怎么包起来我就不知道了，反正是胡乱绑结实了。大火煮了一个多小时，还好，一个都没漏。等我再好好练练，明年一定包个漂亮的粽子。

青芥凉面

喜欢青芥的味道吗？不只是吃生鱼片时才能吃，还能拌凉菜或凉面。

原料 青芥
　　　面条

做法

1. 取一点点青芥（千万不要多哦），加生抽、醋做成调味汁。

2. 细面条煮熟后过冷水冲凉，拌入一点调味汁。注意调味汁不要一次全部拌入，否则你可能会受不了那强烈的刺激，先加入一点点，等吃着没味道了再加一点。

鸟语：严格说起来，今天这个凉面也不够健康，用的是买来的干拉面，还用了多种调味料，但这比我以前常吃的方便面要强多了。曾经我对方便面是上瘾的，别人都是没办法了才吃，我却是几天不吃就馋，吃方便面解馋，真是匪夷所思。后来忍了几个月没吃，再吃的时候就觉得不好吃了，看来戒除一个坏习惯并不是很难。现在遇到没时间做饭的时候就煮一把挂面，放点香油、紫菜就很美味了。

改良川味凉面

为什么是改良的呢？因为四川凉面的一贯做法是加豆芽，由于众所周知的原因，除非是自己动手发的豆芽，市场卖的是绝对不敢吃的。所以现在这个环境，不改良还真是不行。

原料 面条
生菜

做法

1. 面条煮到刚熟赶快捞起，加点油，用风扇或空调吹冷。生菜总是必不可少，营养全在其中。

2. 在面里加入适量的调料：盐、酱油、香油、花椒、红糖粉、醋、辣椒，一碗改良版的川味凉面就拌好了。再配一碗紫菜汤或玉米粥，真是夏天的好选择，美味又营养哦。

蔬炒意面

炒意面有时是一种比较偷懒的好办法，不过有些意面里有蛋的成分，严格素食者要注意。还好，土豆泥买的两种意面的成分都只有一种叫什么粗麦子的。

原料 意面、西兰花
青红椒、蘑菇

做法

沸水里加点盐和油，把意面煮熟后捞起来冲凉。用橄榄油把意面和西兰花、焯过水的蘑菇、青红椒一起炒一炒，加点盐，盛盘后加点黑胡椒调味。

 豆叮：曾经有位同学问过：为何土豆泥总要把菌菇焯一次水，套用笨鸟的话来回答：这是我妈教的。我老妈说菌菇都要用抗生素的，所以要煮一次水来倒掉。也不知有没有科学道理哈。

上周参加了公司组织的拓展训练，参加此次活动的男女比例为35:8（IT公司的特点，男多女少），而且大多数都是二十几岁，我都三十多了，年龄算比较大的，平常也很少去做健身锻炼，本来有点担心自己会拖大家的后腿，但是在整个活动过程中，我感觉从体力到勇气都丝毫不比别人差。上班后很多同事都说大腿肌肉酸痛得厉害，我却感觉浑身轻松，只是昨天脖子有些酸痛，估计是做"背摔"项目在下面接人时，脖子用力后仰所致，今天已完全恢复。所以，担心素食会没力气的朋友大可放心，我的亲身经历证明了素食者不但不会体力差，反而恢复得会更快。

西葫芦锅贴

双休日，难得有点空闲时间，给老公烙了7个馅饼，我自己煎了7个锅贴，用全麦面粉做的。很久没吃油煎的食品了，就一个字——香，还一个字——腻，所以，一定要蘸着醋吃，别吃多了，解解馋就行了。

原料　西葫芦、木耳
　　　　香菇、豆腐干

做法

1. 面粉加温水揉成面团，盖上湿布放在一边饧面。

2. 西葫芦用擦板擦成丝，撒上盐拌匀，逼出水之后用纱布把西葫芦丝攥干。

3. 香菇和木耳泡发、洗净、剁碎，加上切碎的豆腐干一起拌入西葫芦中，西葫芦的嫩和木耳的脆搭配起来口感超好。最后加适量油和盐。（注意：西葫芦是用盐腌过的，所以加盐之前最好先尝尝。）

4. 面团饧好后擀成饺子皮，放入西葫芦馅，把中间捏紧，两边露着。

5. 平底锅烧热，倒入薄薄的一层油，依次码入锅贴。

6. 等锅贴底部煎黄，倒入半杯水，迅速盖上锅盖，焖一两分钟，利用水蒸气把锅贴蒸熟，咱这是素馅，容易熟。

7. 打开锅盖，把水收干即可。

老北京糊塌子

所谓糊塌子其实就是蔬菜饼，只不过用的蔬菜是西葫芦，换成其他蔬菜就只能叫蔬菜饼了。

原料 西葫芦
面粉

做法

1. 选嫩西葫芦，越嫩越好。把西葫芦洗干净，不用削皮，用擦板擦成丝，放适量盐腌一会儿。

2. 加入面粉和少量水，如果西葫芦出汁较多就不用加水，搅拌成黏稠的糊状。

3. 平底锅点火，放一点点油，转一下锅，使油均匀地沾满锅底，油热后放一大勺面糊，像摊煎饼一样用木铲刮平。不放油也可以，不过可能没有放油的吃着香。烙一会儿，翻过来烙另一面。

鸟语：吃的时候要蘸醋吃，又香又嫩。这是老北京的传统面食，做起来超级简单，适合忙人和懒人。在买不到西葫芦的季节可以用黄瓜丝代替。

南瓜饼和南瓜粥

南瓜中含有多种维生素，不但营养丰富，而且热量低，还具有抗癌的作用，其中的果胶可以清除体内的重金属和部分农药，常吃南瓜也有助于防治糖尿病。笨鸟新学了两种南瓜的做法，先介绍南瓜饼。

原料　南瓜、糯米粉
　　　　豆沙

做法

1. 老南瓜洗净切块放蒸屉中，大火蒸 15 分钟。蒸熟的南瓜用勺子压成泥。

2. 在糯米粉中加入少量蒸熟的南瓜泥，揉成面团。注意一定要糯米粉多，南瓜泥中含水量非常高，要试着一点儿一点儿加，否则面太稀了就没法做了。

3. 豆沙馅做成球，取适量糯米面搓成球在手掌上按扁，像包汤圆一样包入豆沙馅。为了照相，所以我把糯米面放在案板上，其实糯米面很软，在手上捏就行了。

4. 平底锅内倒一薄层油，包好馅的糯米球在手掌上按扁，放入锅里，小火煎，煎一小会儿，翻面继续煎。南瓜和豆沙都是熟的，糯米也很容易熟，咬一口尝尝。

同样做法还可以做红薯饼、土豆饼、芋头饼等。

剩下的南瓜泥可以做个韩式南瓜粥。和传统的中式南瓜粥不同，韩式南瓜粥要用到糯米粉，具体制作过程如下：

原料　南瓜泥
　　　　糯米粉

做法

1. 将剩余的南瓜泥倒入锅中，加水煮。

2. 另取一些糯米粉加水调稀。

3. 将糯米浆缓缓倒入南瓜粥中，边倒边不停地搅拌。开锅后会有南瓜汁迸溅出来，要离锅远一点，小心不要被烫到，煮一会儿就可以出锅了。不用放糖也是甜甜的，入口即化，非常适合老年人和儿童食用。

自己动手做凉皮

原料　面粉、黄瓜、芝麻酱
　　　　花椒、油辣子

做法

1. 普通的面粉加水揉成面团，饧 20 分钟。然后在一小盆清水里反复揉搓，等水变得像牛奶一样白，把水倒入一个大盆留用；面盆里加清水再揉，这个过程重复几次，直到洗过面的水比较清澈为止。洗出来的白色的水就是淀粉水，剩下的面团就是面筋。

2. 把面筋蒸熟，淀粉水放冰箱里静置一晚（或三四个小时）等待沉淀。淀粉水经过一晚的沉淀能看到上面是比较清的水，清水倒掉，剩下的淀粉水搅匀。这时的淀粉可能已经沉淀成固体了，用手捏一捏就能化开。淀粉水也不是越浓越好，具体的浓度我也不好说，只能凭感觉了。

3. 取一个金属盘子，在上面刷一层油，再倒入一薄层淀粉水，大约 2 毫米厚吧。

4. 准备一大锅开水，把盘子放在水里（漂在水上），盖上锅盖，焖一两分钟，注意火要一直烧着。

5. 掀开锅盖，能看到凉皮已经定型而且中间鼓起大泡，把盘子取下来马上泡在凉水盆里冰凉。如果你有两个盘子，等待的时候可以做另一个。

6. 小心地揭下来。两个盘子倒着做速度很快的，一会儿就能做出一摞，注意每张之间最好再抹点油防粘。

7. 最后把凉皮切条，蒸熟的面筋切小块，黄瓜切丝，用调料拌着吃。调料我用的是芝麻酱（要加水调稀）、花椒水、盐、油辣子。

冬瓜番茄汤

前不久，早上匆忙路过公司附近的商业广场，迎面竖着一个巨形圆桶，上写"把垃圾扔进去"（大意如此，原文我记得不太清楚），旁边忙乎着几个工作人员。当时不大明白这是啥意思，心想无非是个商业活动而已。第二天看报纸新闻才知道，原来是个方便粉丝厂家搞的一袋方便面换两袋方便粉丝活动，据说当天就回收了一万多袋方便面去销毁。活动的主题是方便面属于油炸食品，危害健康，所以要扔进不油炸的方便粉丝给方便面准备的垃圾桶里。这新闻看得我直乐，方便粉丝的胆儿也够大，就不怕方便面跳出来告它个恶意诋毁？奇怪的是，方便粉丝的嚣张行为居然没引起什么硝烟。难道不知不觉地，方便面已经向方便粉丝俯首称臣了？

正当此事已被我基本淡忘时，早上在电梯里碰到一个很年轻的MM跟两个同事（年龄打扮相仿）很认真地讲述上班途中的际遇："前面走过三位中年妇女都没有获赠，我都不知道促销员是从哪里冒出来的，就给了我，可能是看到我这种年龄、穿职业装拿着包的打扮，这应该是他们推出的高端产品哦。"说罢，递给同事一桶淡紫色包装的方便粉丝，我刚晃到上面的什么贵族几字，电梯门开，三个方便粉丝的高端顾客飘然而去。

也好，垃圾消灭一个是一个，不过我也不喜欢方便粉丝，只好自己动手做菜啦。就像这杯开胃又营养的冬瓜番茄汤，只需用一点水把冬瓜烧熟，再加上用搅拌机打的新鲜番茄浆煮一下，放上少量橄榄油和盐调调味就 OK 了，也很方便不是？

韩式大酱汤

曾有一段时间迷上了韩剧，对剧中频频出现的大酱汤尤为好奇，酱汤有什么好喝的，以至于让韩国人如此离不开？正巧在一本杂志上看到了正宗韩式大酱汤的做法，我去掉了其中的荤腥成分，做成素的大酱汤，味道也不错。

原料 淘米水、大酱、甜辣酱、干海带
土豆、平菇、豆腐、西葫芦
青辣椒、红辣椒、辣椒粉

做法

1. 干海带泡软后清洗干净撕小片；土豆去皮，切丁；西葫芦洗净后切小片；豆腐切小块；平菇洗净，挤去水分，用手撕成丝；青、红辣椒切成片。

2. 锅内倒入干净的淘米水，放入大酱和甜辣酱搅拌至混溶，煮开后放入海带煮熟，之后将加工好的土豆丁、平菇丝、豆腐放入，搅拌均匀，文火继续煮七八分钟，放入辣椒粉。

3. 放西葫芦片、青红辣椒片，煮5分钟即可。

木耳冬瓜汤

连续几天气温都是36℃，我家空调偏偏在这最热的时候坏了，每天吃饭都能吃出一身汗，更别说做饭了。现在虽然还没完全修好，但总算是勉强能用了。炎炎夏日，能吹着空调喝上一碗热汤，真幸福呀。

银耳炖木瓜

在超市里见到一种小碗装的"冰糖雪耳炖木瓜"，光看名字就觉得好吃，现在正好是吃木瓜的季节，赶快买个木瓜试试，用蜂蜜代替冰糖更有益健康。

原料 冬瓜、木耳
　　　甜玉米粒
做法
先用一点点油把所有材料炒一炒，再加入开水煮一会儿，最后放盐、胡椒粉、香油出锅。

原料 银耳、木瓜
　　　蜂蜜
做法
1. 银耳开水泡发，去硬心，撕小朵，洗干净。木瓜去皮、去籽，切小块。
2. 水烧开放入银耳，小火煮40分钟。待银耳汤变黏稠，放入木瓜，再煮10分钟即可。晾凉后调入蜂蜜，冷藏后味道更佳。

🐦鸟语：做韩式大酱汤要用韩国大酱，在家乐福、沃尔玛等大型超市的进口食品专柜有卖，打开盖就能闻到一种类似米酒的发酵的味道。现在有的超市里也能买到国产的了。

🐦鸟语：孕妇不宜吃木瓜，据说是容易引起宫缩。银耳炖木瓜是非常好的美容佳品。银耳富有天然植物性胶质，加上它的滋阴作用，长期服用可以润肤，而且还有祛斑的功效。 木瓜性温，不寒不燥，其中的营养容易被皮肤直接吸收，从而让皮肤变得光滑、细腻，皱纹减少，面色红润。

桂花酸梅汤

酷暑将至，冰镇酸梅汤成为最受欢迎的夏日冷饮。第一次喝到这种酸梅汤是在静思素食坊，是当作热饮喝的，它还有一个好听的名字，叫作"火山乌云"。同去的朋友都觉得好喝，向服务员打听了配方之后，回家试制成功，现在就介绍给大家。

大家都听过望梅止渴的故事吧，把鲜梅子焙制成中药乌梅后，除了其特有的生津止渴的功效外，还能消暑润燥、敛肺止咳、涩肠止泻，冷热饮俱佳。我们要用到的材料就是从中药店里买来的乌梅，价格便宜，此外还需要红糖和干桂花。

原料　乌梅、红糖
　　　　干桂花

做法

乌梅十几颗，清洗干净，加水放锅里煮，乌梅很酸，可多加些水，开锅后放红糖，再煮 15 分钟，最后加入干桂花，酸甜、清香，热饮、冷饮都非常好喝。因为制作简单，所以一次不要做得太多，以免喝不完变质。另外各地乌梅的口味可能会有差异，所以加水加糖的量要自己尝试。

南瓜豆浆汁

青豆上市季节时怎么做都好吃，就是不要用来榨豆浆，因为浆少，豆浆还得要老黄豆来做，浓度才够。南瓜也是如此，青嫩的小南瓜再怎么弄也没有黄澄澄老南瓜的粉润厚实的口感。做好这碗南瓜豆浆汁，我恍然大悟为何从来没有过想回到童年的感叹，只有积淀了浓度和厚度的人生，才有滋味，哪怕是在变老。

原料　南瓜
　　　　豆浆
做法 1
老南瓜切块，用橄榄油加少许盐炒一下，和豆浆搅拌成浓汁，煮熟即可。

做法 2
老南瓜切块蒸熟，和煮熟的豆浆一起搅拌成浓汁。

青香瓜苹果汁

前段时间我一直在喝白香瓜汁，那种香瓜名字叫"白糖罐"，虽然出汁多，味道也很好，但是有一个问题，就是经常会遇到苦的。有一次我没注意把一个苦的瓜汁混进了我带的果汁里，我想苦就苦吧，说不定还败火呢，结果刚喝了一半胃里就开始翻腾，没一会儿就全吐了，看来是中毒了，好在吐完就没事了，中午饭都没耽误。这"白糖罐"我是再也不敢买了，继续寻找适合榨汁的水果，于是找到了"景田一号"，出汁多，这段时间我一直在喝这种青香瓜苹果汁。

完整的瓜是这个样子的，有大有小，中等的大概一个一斤左右。

削皮去籽，瓜肉也是绿色的。这种瓜直接吃口感有点硬，不如伊丽莎白好吃，但是榨汁就正合适。

纯的瓜汁像黄瓜汁一样绿，又香又甜，看着就有营养。我一般榨两个瓜大概500毫升，再加500毫升苹果汁，这样苹果汁也氧化得很慢。

泡沫香滑细腻，像奶昔一样好吃。
看看我每天榨汁用的水果，这里面得有多少维生素啊。

但是问题又来了，原来这种青香瓜是热性的，喝几天问题还不大，我一连喝了快一个月，严重上火，皮肤过敏，赶快停了，狂吃西瓜，这才好多了。提醒汁友们，青香瓜汁虽然好喝，可千万不要天天喝，现在我又喝回苹果汁了，还是苹果最安全。本以为夏天天气热，最适合喝果蔬汁了，可仔细想想，能天天喝的果汁还真没有，香瓜太热，西瓜太寒，别的水果出汁又少，只有胡萝卜、西红柿、黄瓜之类的蔬菜汁还能喝点，真盼着凉爽的秋天赶快来啊。

红小豆冰棍

　　周末笨鸟在家折腾红小豆来着，煮了一锅红豆汤，可不小心红豆泡多了，得想办法把剩下的豆子消灭，想来想去还是做成冰棍吧，能多放几天。

原料　红小豆
　　　　红糖

做法

1. 红小豆洗净，清水泡 8 小时。

2. 煮 1 小时，豆子煮烂后放红糖煮到糖全部溶化，汤也快收干的时候关火，晾凉。
（注意：红糖一定不能先放，如果放早了豆子就再也煮不烂了）

3. 用搅拌机把煮好的红豆打成豆沙。

4. 本来想用做冰棍的模具做的，可没买到，真奇了怪了，平常不用的时候总看见，想用的时候偏偏没了。那就用冰格做吧，做的小一点吃着也方便。把红豆沙盛入冰格，插上水果叉，放进冷冻室。

5. 冻上几个小时，冰格取出后放一会儿，冰棍就很容易拿出来了。味道嘛，没有买的好吃，豆沙打得不够细，也不太甜，其实已经放了很多红糖，可见外面卖的冰棍里得放多少糖啊，能放糖还算好的，说不定还是糖精呢。

芒果西米露

五一放假期间朋友来家里玩，带来了好多芒果，虽然今年的芒果早就上市了，可我怕过敏，一直没敢吃，这回可忍不住了，大快朵颐一番，还好，平安无事。

原料　西米、芒果
　　　　椰汁或杏仁露

做法

1. 先来介绍西米。在超市里，西米是和普通的粮食放在一起卖的，所以有的朋友以为西米也是一种粮食，其实西米是人工制造的小淀粉球，煮熟后放到甜品里口感凉凉的、滑滑的。

2. 把水烧开，放入一小把西米，小火煮，注意西米容易粘锅底，煮的时候要不停地搅拌。等西米变得完全透明或中间只有一点点白芯时关火，用冷水反复冲凉后浸泡在冷水里。

3. 现在教大家怎样切出漂亮整齐的芒果丁。贴着芒果的核连皮切下，用刀划成网格状。

4. 翻过来，贴着芒果皮把划好的小格子切下来。

5. 然后加入椰汁或杏仁露，再加入已浸凉的西米粒就做好了。清凉爽滑，非常适合夏天吃的一款甜品。

简易绿豆沙

　　古人在夏天的时候只需手持一把蒲扇，最多再喝碗绿豆汤就感到清凉十足了，现代人在空调房里吃着冰淇淋还心惊胆战，因为电网负荷太大随时都有可能崩溃。这不，最热的那天晚上，我妈住的那一带就突然漆黑一片。等了一阵没指望后，很多人都从不散热的钢筋水泥里钻出来到小区花园纳凉，楼下的一家三口干脆跑去住宾馆了。我妈刚开始也有点烦躁，后来横下一条心——心静自然凉！结果一觉睡到大天亮。

　　冬天的时候做过豌豆沙，浓浓的一碗，一勺一勺地舀着吃，温热香甜。绿豆沙就不一样了，要清清地喝着吃，冰凉清爽的感觉。

原料　绿豆

做法

绿豆泡涨煮熟，先用少量煮绿豆的水把煮开花的豆子在搅拌机里搅成泥状，只要多搅几次，就会连皮都搅得很细。最后再把所有绿豆水倒入搅匀即可，想吃甜的放点红糖或果汁。

杏仁豆腐

　　这是一道传统的清凉小吃，可能有上百年历史了吧。杏仁豆腐并不是杏仁和豆腐做的，而是把杏仁磨成浆，再凝固成豆腐样，冰镇后食用，清凉爽滑，甜嫩可口。

　　用杏仁磨浆太麻烦，我就用杏仁露代替吧。

原料　杏仁露
　　　　琼脂

做法

1. 琼脂取大约 10 克，用温水泡发。

2. 杏仁露一罐倒小锅里烧开，加入泡好的琼脂，用筷子搅拌至全部溶化。

3. 把混合液倒盘子或其他容器里晾凉，在常温下一两个小时后就能凝固。

4. 切成菱形块，加蜂蜜冰水和水果丁，这个分量一般够三个人吃。

豆浆冻和果冻

果冻是小朋友喜欢的零食，因其色彩缤纷和QQ的口感，但是大家知道那些都是各种添加剂塑造出来的，对小朋友的健康是百害而无一益。所以，咱们自己动手来做个卫生又营养的豆浆冻吧。

原料　豆浆
　　　　琼脂

做法

豆浆煮熟后放适量的琼脂，不断搅拌，琼脂融化后关火，待豆浆稍微冷却后倒入模具里放冰箱冷却后即可食用。

豆叮：我用的模具就是超市里买来的果冻盒，因为小朋友喜欢甜味，豆浆里可加一点糖。

如果用果蔬汁，做出的果冻更漂亮。

快乐儿童餐

宝宝不爱吃饭？别急，做成这样试试看，把普通的馒头、蔬菜变成一幅充满童趣的卡通画，再编一个童话故事，边吃边讲！

原料　自发粉、胡萝卜
　　　　黄瓜、炼乳

做法

1. 自发粉做成蜗牛卷，蒸熟。

2. 胡萝卜、黄瓜切成太阳、花草的形状，摆盘。

3. 挤上炼乳当云彩，我用的是蓝莓味的，因为喜欢童话般的紫色。

4. 再配上一杯浓豆浆，一份清新可口、营养丰富的儿童餐就做好了。在吃腻了高热量低营养的洋快餐之后，不妨尝试一下回归自然的感觉吧。

鸟语：当然，水果是必不可少的，来个火龙船吧，和水果们一起去旅行。不要放油腻腻的沙拉酱，浇上两大勺原味酸奶就好。

两只蝴蝶

小时候特别喜欢捉蝴蝶和蜻蜓玩，从来没觉得有什么不妥，因为大家都这样。一个个小生命在孩子们的手里变得不堪一击。长大后才明白，众生平等，我们要教孩子们善待每一个生命，即使是一只难看的毛毛虫。

如果要玩，那就玩这几只假的吧。

原料　自发粉

做法

1. 自发粉加温水揉成柔软光滑的面团，盖上湿布饧 30 分钟。（也可以用发酵粉自己发面）

2. 把面团搓成手指粗的长条后，从两端卷起。（如果搓不了那么细可以先用刀切）

3. 一直卷成②的样子。

4. 用筷子在两个圆圈下部夹一下。把上面的触角切开，此时蝴蝶会分成两半，不必担心，把两半贴紧一点，蒸熟后就会粘在一起了。

5. 做好的蝴蝶再饧一会儿，用手指在蝴蝶表面抹一点水，尤其是有干面粉的地方，冷水上屉静置 10 分钟再点火，开锅后蒸 20 分钟。

①
② ④
③ ⑤

🐦鸟语：还可以用蔬菜汁或果汁和面做成彩蝶，也可以做成咸味或甜味。很可爱吧，小朋友见了一定会喜欢。

秋

土豆胡萝卜丝

记得上学的时候，每当有同学让我猜他不
爱吃什么菜时，我总是猜胡萝卜，因为我就不
爱吃胡萝卜。结果呢，十次有九次能猜对，可
见小孩子大都不爱吃胡萝卜，那么不妨换个
方式，把胡萝卜丝和土豆丝炒在一起，土豆
多一些，胡萝卜少一些，就吃不出胡萝卜的
怪味了。

从小吃我妈做的土豆丝都是放酱油的，
而且炒得面面的，后来发现餐馆里的土豆丝
都是白白的、脆脆的，不知道是南北方的群
体差异还是我家的个体差异，因为小时候吃
惯了，所以现在我还是喜欢吃这种做法的。

原料　胡萝卜
　　　　土豆

做法

1. 土豆和胡萝卜都去皮切丝，土豆丝用
   清水冲洗几遍。

2. 先用一点油略炒胡萝卜丝，然后盛出
   来，再炒土豆丝，炒软后放盐和酱油，
   再把炒过的胡萝卜丝倒入锅里一同翻
   炒片刻即可出锅。

炒红薯丁

在世界卫生组织 2007 年公布的全球健康食品排行榜中,红薯名列蔬菜类的榜首。具体的榜单为:

蔬菜榜:红薯、胡萝卜、芹菜、茄子、雪里蕻、白菜、甜菜、卷心菜、芦笋、花椰菜。

水果榜:木瓜、橘子、橙子、草莓、猕猴桃、芒果、苹果、杏、柿子。

请注意,世界卫生组织把红薯归到了蔬菜类,它是可以当菜吃的。我试着炒了一个红薯丁,非常适合在中午吃的菜。

原料 红薯、胡萝卜
　　　　青豆(毛豆)

做法

1. 红薯、胡萝卜去皮切丁,青豆提前煮熟。

2. 炒锅烧热放油,先炒胡萝卜和红薯,炒软了再放青豆,加盐再翻炒一会儿即可。

麻辣白灵菇

这几天降温，真有点冷了，这天一冷就特想吃辣的。昨天我同事过生日，中午请我们几个死党出去吃饭，四个人不约而同全点了辣菜，连汤都是酸辣汤，吃得热乎乎的。我点的菜是鱼香土豆丝，就是用郫县辣酱炒的土豆丝，大家都爱吃，很受欢迎。以前我也喜欢用郫县辣酱炒菜，后来成都的朋友告诉我，外面卖的郫县辣酱有很多是小作坊做的，制作过程很脏，她从来不吃，要吃也是吃自己家里做的。从那以后我就再没买过郫县辣酱，因为我也辨不出哪个是小作坊的，哪个是大工厂的。这白灵菇要是用郫县辣酱来做肯定要好吃得多，我只用了花椒和干辣椒做成麻辣的，确实逊色不少，无奈呀。

原料　白灵菇、冬笋、花生米
　　　　花椒、干辣椒

做法

1. 花生米炸熟备用，白灵菇切丁用开水烫过沥干，冬笋也切丁煮熟。

2. 热锅倒油，放入花椒和干辣椒，炸出香味，再放入白灵菇和冬笋翻炒，加盐、酱油、醋适量，最后加入花生米，出锅。还应该再加点黄瓜丁，家里没有了，只好作罢。

豆豉辣酱

　　介绍一个豆豉辣酱的做法，每年夏末秋初我妈都做好多，能吃一冬天。

原料　尖辣椒 500 克、豆豉 40 克
　　　　盐 40 克

做法

1. 尖辣椒洗净，用厨房纸巾擦干水分，剁碎。注意案板和刀具都要擦干，不能沾油沾水，否则容易变质。

2. 豆豉剁碎，和盐一起加入到辣椒中拌匀即可。

🐦鸟语：以上配方是经我改良过的，我妈做的原方是：尖辣椒、豆豉、蒜、盐，按照 10:1:1:1 的比例混合。我感觉这个比例做出来口感偏咸，所以降低了豆豉和盐的比例。我不吃蒜，所以没放蒜，各位可以根据自己的口味自行取舍。

爆炒圆白菜

　　最近真是忙死了，公事私事一大堆，早上还是坚持喝果蔬汁，晚饭则是吃得越来越简单，能用 10 分钟搞定的绝不用 20 分钟，吃饱就得。爆炒圆白菜是我们常吃的懒人菜，把圆白菜切一切炒一炒就是个很好的下饭菜，又省钱又省时间。

原料　圆白菜
　　　　　干辣椒

做法

1. 先切掉圆白菜的根，把白菜叶一层一层地剥下来，冲洗干净，沥干水，切成粗丝。要是我老公做这个菜，只把最外层的叶子冲冲，里面的连洗都不洗，真是没有最懒只有更懒。

2. 热锅凉油，先放两根掰碎的干辣椒炸出香味，再放入切好的白菜，大火快速翻炒，等炒软了放点盐就行了。还可以在里面加入剩烙饼丝或者水磨年糕片，就连主食都有了。

蜜汁山药南瓜

原料　小南瓜、山药
　　　　红枣、蜂蜜

做法

1. 小南瓜和山药去皮切成丁。

2. 去核红枣切成小圆片。

3. 将切好的南瓜、山药、红枣一同放进
   大碗，浇上蜂蜜水，蒸 10 分钟即可。
   蜂蜜经高温加热后会损失营养，出锅
   晾凉后可再加一勺蜂蜜，软糯香甜，
   混合着浓浓的枣香，非常好吃。

木瓜甜豆

　　以前笨鸟做过百合甜豆，木瓜和甜豆的这
种搭配是从电视上学的，喜欢吃木瓜的同学
不妨试试。有书上说木瓜中的番木瓜碱有抗
肿瘤的功效，同时对人体也有小毒，不宜多吃，
过敏体质者应慎用。或者可以把木瓜换成南
瓜，做成南瓜甜豆应该也不错。

原料　甜豆
　　　　木瓜

做法

1. 甜豆择洗干净，用开水烫过。木瓜去
   皮去籽，切成条。

2. 炒锅烧热放油，先放甜豆，再放木瓜，
   翻炒一会儿，最后放点盐出锅。

麻辣藕丁炒毛豆

据说藕有两种，一种是面的，一种是脆的，我这次买的藕就是脆的，淀粉含量少，适合炒着吃。做了麻辣藕丁，想想毛豆快过季了，又加了把毛豆仁一起炒。昨天上班带的就是这个菜，莲藕香加上毛豆香，很下饭。

原料　莲藕、毛豆
　　　　干辣椒、花椒

做法

1. 莲藕去皮切成丁，冲洗几次沥干。
2. 毛豆仁在开水里煮几分钟捞出沥干。
3. 炒锅烧热放油，放入花椒粒和干辣椒，等油温变高炸出香味后捞出。
4. 放入藕丁和毛豆翻炒，加盐即可。

尖椒炒豆皮

前段时间看一个朋友的博客，知道她患上重感冒，急忙在 QQ 上问候一下。她说："是啊，没敢告诉你，怕你说我吃肉吃多了。"笑过之后我不禁反思，自己在劝人吃素这件事上是很失败的，身边还没有一个朋友听从我的劝说而完全吃素的，最多只是增加了素食的比例而已。所以昨天看到那么多朋友的留言，笨鸟非常感动和欣慰，只要有一个朋友能从我们的博客中受益，我们的努力就没白费。

原料　尖辣椒、豆腐皮

做法

尖椒和豆腐皮都切成小块，用点油盐清炒即可。是个简单又下饭的快手菜。

空心菜两吃

　　大家可能注意到了，我们厨房里很少做绿叶蔬菜，因为我总觉得绿叶菜的做法没什么新鲜的，无非是用油炒炒，再有就是我们确实也不太爱吃绿叶菜，除了吃火锅时涮着吃以外很少拿来炒着吃。现在我也意识到了，这样很不好，不挑食才能更均衡地吸收营养，市场上那么丰富的绿叶菜不吃多可惜。在菜谱书上看到腐乳空心菜的做法，觉得挺新奇的，试着做一次。

原料　空心菜梗
　　　　白腐乳

做法

1. 把空心菜洗干净，择掉叶子只留下菜梗，切成小段，白腐乳中加少量水，把腐乳碾碎溶成腐乳汁。
2. 炒锅烧热放油，放入空心菜梗翻炒，加入腐乳汁炒匀即可。

　　摘下来的空心菜叶可以做成汤，颜色碧绿，味道也不错。

原料　空心菜叶
　　　　香菇

做法
先用一点油把香菇炒出香味，加开水，最后放入菜叶，加盐、香油起锅。

香芋南瓜

前几天和家人在外面吃饭的时候，老妈特意为我点了一个"金瓜芋泥"，就是把芋头泥填到小南瓜里蒸熟，第一次见到这样的吃法，南瓜和芋头的味道混合在一起，香甜可口。回家后我自己也试做了一下，成本至少便宜了一半，做法也挺简单的，喜欢吃南瓜的同学也试试吧。

原料　小南瓜
　　　　大芋头（荔浦芋头）

做法

1. 芋头去皮切块，大火蒸 20 分钟，晾一会儿，装保鲜袋里，用擀面杖敲成芋泥，加蜂蜜拌匀。

2. 小南瓜去皮切去上盖，掏出里面的南瓜子，填入芋泥，再大火蒸 20 分钟即可。

🐦鸟语：也可以把南瓜切成两半再分别去籽填入芋泥，吃的时候切成小块。

一个小南瓜只装了不到一半芋泥就填满了，剩下的芋泥我用自发粉蒸了香芋包，太好吃了，这两天我都是带这个做午饭的，三个香芋包配上一碗十谷粥和一碟小菜，撑个肚歪。

炖冻豆腐

　　在北方冻豆腐是常吃的菜，与鲜豆腐有着完全不一样的口感，尤其吃火锅的时候更是少不了。上菜之前先做个口腔体操，练一段绕口令："会炖我的炖冻豆腐来炖我的炖冻豆腐，不会炖我的炖冻豆腐别胡炖乱炖炖坏了我的炖冻豆腐。"怎么样，您的舌头还利索吗？

原料　冻豆腐、香菇
　　　　西红柿、青椒

做法

1. 北豆腐一块，切小块，放进冰箱冻2天，就成了冻豆腐，取出解冻。

2. 西红柿一个，去皮削小块。

3. 热锅凉油，放入西红柿块，加盐，边炒边用锅铲切碎，西红柿汁加盐味道鲜美，是天然的调味品。西红柿化成汁后放入冻豆腐和香菇，翻炒，加入开水，没过冻豆腐，中火炖10分钟。

4. 最后放入青椒块，倒一些生抽上色。可以把汤收干，也可以留一些汤底，味道都不错。

🍵鸟语：去西红柿皮有一个很简单的办法，就是用一把边缘比较薄的金属勺子，把西红柿用力刮一遍，然后就能很容易地把皮撕下来了。当然也可以用开水烫的方法，如果是炒着吃用哪个方法都行，如果是凉拌最好用勺子刮，不会损失营养。剥去皮之后不要在案板上切，汁水流掉非常可惜，在碗里用刀削成小块就可以了。

桂花糯米藕

　　这是藕的经典吃法之一，几乎所有的饭店餐厅都有。自己做也并不难，现在正是吃藕的季节，试试吧。

原料　圆粒糯米、鲜藕、红糖
　　　　红枣、蜂蜜、干桂花

做法

1. 糯米洗净，清水浸泡 1 小时后沥干，藕去皮洗净。鲜藕的皮非常薄，去皮有一个小窍门，就是边冲洗边用钢丝球擦，很容易就把皮擦掉了。

2. 切下藕的一端做盖子，把泡好的糯米灌到藕的孔里，用筷子压实。盖上盖子，插几根牙签固定好。

3. 放到锅里，倒入清水、红糖、红枣，大火煮开后转小火再煮 1 小时。觉得耗费这么多天然气只煮一根藕有点浪费能源，就往锅里倒了一大碗花生米，藕煮熟了，花生也熟了。

4. 晾凉、切片、装盘，浇上蜂蜜和桂花，开吃。

　鸟语：干桂花最好提前泡到蜂蜜里，吃的时候蜂蜜中就会有浓浓的桂花香。红枣花生——这是副产品，也是很补血养颜的哦。

糖醋藕条

　　这道糖醋藕条就是按博友"猫多子"同学介绍的方法做的，做好之后我抱着盘子边看电视边吃，一不留神就吃光了，撑得够呛，连主食都吃不下了。

原料　莲藕半根、熟芝麻
　　　　红糖、醋

做法

1. 新鲜的莲藕切成 2 毫米厚的片，每片再切两刀成三条，用凉水泡一泡洗去淀粉，这样炒出来口感比较脆。

2. 炒锅烧热倒油，放入沥干水的藕条翻炒，加两大勺醋和一小勺红糖，翻炒两三分钟后关火，撒上熟芝麻拌匀即可。

　　"我是猫"同学提供了日式凉拌藕片的做法，在这里一并介绍给大家：新鲜的藕取中段切成极薄的片，这个很重要，要薄到几乎透明，在沸水中烫二三十秒钟断生，然后用上好的生抽拌一拌，最后撒上白芝麻就可以了。

　　感谢两位猫猫提供的方子。

　　🐦鸟语：很多人平时喜欢用白糖，但白糖是经过精加工提炼的，几乎没有什么营养。不但如此，因为白糖本身是结构不完整的食物，为了保持其结构完整，它会把人体内有用的物质吸走，造成人体营养不均衡，比如众所周知的吃糖过多会引起钙的流失，此外还会引发一些代谢类疾病。而红糖是白糖的前身，相对于白糖来说它保留了更多的营养，所以当我们需要用糖调味的时候就用少量红糖或者蜂蜜。当然最好是什么糖都不吃，每天从水果中摄取的糖已经足够了。

孜然烤香菇

随着物质生活水平的提高，人们是吃的越来越好，动的越来越少。这不，我的一个同事最近犯了腰病，刚 40 岁出头就得了腰椎间盘突出、腰肌劳损、椎管狭窄，三病合一，疼得起不来床。也难怪，每天上班八小时坐着不动，上下班开车，晚上回家就更不想动了，久而久之自然就人未老身先老了。

香菇大多数时候是作为配菜的，今天咱把它做为主菜，换换口味。

原料　鲜香菇、孜然粒
　　　　黑胡椒

做法

1. 鲜香菇洗干净，切去柄，用厨房纸巾擦干水。

2. 用小刀划一个十字，然后斜切成 V 形的槽。

3. 每个香菇上刷一层油，撒上盐、黑胡椒、孜然粒。

4. 如果有烤箱，就用 160℃烤 20 分钟，如果没有烤箱，就像我一样，在平底锅里刷一点油，盖上锅盖，小火烙 15 分钟，在烤的过程中香菇会出一些水，随着温度的升高，香菇混合着孜然的香味弥散开来。

盐菜炒芋条

如果你觉得吃素是健康的一条途径，你肯定希望自己周围的人也能同行，因此，吃素不是一个人的事，但你很难把别人强拉过来，这样只会令他们跑得更远。你需要耐心地铺路搭桥，以便他们有兴趣时来逛逛走走，也许某一天，也许某一世，他们就会在这条路上流连忘返了。所以，厨房里的菜一直都定位在美味素食，而不是更严格的素食，因为一切都是因缘，一切都是过程，我们都还在路上。

原料　小芋头（芋乃）
　　　　盐菜、红椒

做法
芋头切条先下油锅翻炒，熟后放点盐，再放红椒、盐菜少许后起锅。

清炒地瓜胡萝卜

这种地瓜好像也叫凉薯，可不是通常说的红薯哦，是那种一头圆圆的，一头尖尖的，身体分成几瓣，外面一层浅褐色的薄皮，撕掉皮后是白白胖胖甜甜脆脆的，不知大家搞清楚是什么没有？哎～都怪我忘了先拍张照片了。

地瓜和胡萝卜都是甜的，质感也差不多，只是地瓜水分多一些，炒在一起好吃又营养。

清炒红苕藤

日本人写的书我看的不多。年轻的时候硬着头皮啃过铃木大拙和池田大作，虽然都是半途而废，但也非一无所获，自知之明就是从那时大大地增长的。知道自己该做什么和不该做什么是人生重要的转折点，我的读书方向自此就从哲学转向了饮食，我的活动地点也从书房移到了厨房。

尽管如此，我还是想和大家分享一本日本人写的书，叫《神奇的少食健康法》。为了避免打广告的嫌疑，我就不说个人认为这书怎么好了，有兴趣的同学自己去了解吧。

周日，我做了个清炒红苕藤。红苕藤以前是用来喂猪的，现在跑到城里人的餐桌上来了。估计是因为猪已经换了食谱，改吃配合饲料了，所以才有多余的拿给人吃。红苕藤营养好，猪不吃就咱们人吃好了。

原料　红苕藤
　　　　小米椒

做法
炒锅烧热倒油，放入切成段的红苕藤，炒软后加入盐和小米椒即可。

花生拌香干

我们办公室搬到一家有名的面包店楼上了，发现面包店生意最好的时候是早上和下午的上下班时间。特别是早上，经常在电梯里碰到人人手拎一个面包的盛况。不过即便如此，每天还是有不少过期面包被装在筐里运走。因为流传过重新贴生产日期的说法，我忍不住打听这些过期面包怎么处理的？店员小妹回答："喂猪，我们和养猪场签了协议。"然后又郑重地补充一句："放心，过期面包我们决不会给人吃。"我不知道自己放心没有，反而因人的生活到处都有猪的参与而感觉有些晕。

　　人的选择余地总是比猪大得多，现在是花生上市的时候，做了一个传统小菜——花生米拌豆腐干。用自制的香辣酱做调料，简单又好吃。

原料　花生米、香干
　　　　香辣酱

做法

1. 热锅凉油，放入花生米翻炒，等闻到香味，听到"啪啪"响时立即捞出。

2. 晾凉后拌入香干丁、香辣剁椒酱。

🐷豆哆：剁椒酱可以自己做，选用新鲜的红辣椒，洗净，太阳下晒干水气，切碎，加盐和植物油拌匀，装在瓶子里随吃随取。

枸杞丝瓜

　　一个人的饮食习惯往往受家庭影响很深，像丝瓜这种菜过去我家从来没做过，小时候好像也没见过，不过我妈倒是经常用别人给的老丝瓜瓤洗碗，所以我对丝瓜一直比较陌生，在外面吃过几次，觉得挺好吃的，现在自己做饭，有机会尝试一下自己不熟悉的菜了。

原料　丝瓜、枸杞

做法

1. 丝瓜去皮洗净切成滚刀块，撒一点盐抓匀，这样可以防止丝瓜变黑，枸杞用水泡软。

2. 点火倒油，等油稍热就放入丝瓜，然后加一些凉水，倒入枸杞，小火炖软，最后用水淀粉勾芡就好了。

🐦鸟语：丝瓜特别容易变黑，要防止变黑就要先把其他准备工作做好，最后才削皮切块，之后撒点盐腌一下。另外丝瓜遇高温也会变黑，所以炒丝瓜时要添水防止油温过高。

水果大餐

　　营养学家说"早晨的水果是金，中午的水果是银，晚上的水果是铜。"现在正是水果最丰富又便宜的季节，哈密瓜、桃子、香蕉、葡萄等等太多可以选择的品种，最后再撒上一把芝麻、碎核桃等果仁，用酸奶代替油腻腻的沙拉酱，吃起来真正是又香又甜，而且营养也相当丰富。

自制黑芝麻糊

冰箱里有一袋生的黑芝麻，买了很长时间了，实在懒得又洗又炒还得捣碎，不捣碎营养吸收不了全都白忙，于是就想到了黑芝麻糊。哈哈，这回芝麻被彻底磨碎，再也不用担心营养不能吸收了。

原料 黑芝麻、米，比例大致为 4 : 1（从体积上看）

做法

1. 黑芝麻洗干净。可以这样洗洗芝麻：准备两个大碗，都放上水，在一个碗里洗完芝麻后，用细眼小漏勺捞到另一个碗里，这时会看到有一些尘土留在碗底，这样来回倒几次后就洗干净了。一位素友提供了另一种方法：芝麻装到一只新的丝袜里，扎紧口，在水龙头下反复冲洗。

2. 黑芝麻本身没有黏性，所以要想做出又香又稠的芝麻糊，还要加些米，这次我用的是糙米，还可以换成小米、黑米、紫米等任何一种有黏性的米。洗干净的芝麻和糙米泡水 8 小时，用搅拌机打成糊，倒锅里煮，边煮边用筷子搅动防止粘锅，开锅后小火煮 5 分钟即可。注意开锅后会有芝麻糊迸溅出来，不要被烫到。

鸟语：还有一种方法是先把黑芝麻和米分别炒熟，再磨成粉，吃的时候用开水冲成糊。芝麻含有丰富的钙，素食者应该常吃。

糯米藕粥

　　节日激情已退，生活回到原位，长假吃喝很累，餐餐都上美味，自己身体宝贵，开始清理肠胃，白天多喝开水，晚上早点去睡，你我友情珍贵，此项提醒免费。

　　今天来碗清淡的糯米藕粥吧。

原料　糯米
　　　　莲藕

做法

先把糯米洗净，用清水泡 3 小时，然后把莲藕切小块，一起煮成粥就行了。莲藕中含淀粉较多，所以煮好的粥稠稠的，有浓浓的莲藕的清香，好喝，喜欢吃甜的就加一点蜂蜜或红糖。糯米湿气重，一次不要吃太多了。

玉米面红薯粥

　　昨天下班时赶上雨，没带雨具，只好咬着冷冷的牙一路淋雨回家。昨天我穿的是裙子，真是冻了个透心凉。回家煮了一锅玉米面红薯粥，连喝两碗，又香又暖，舒服呀。

原料　玉米面
　　　　红薯

做法

1. 生红薯去皮切成滚刀块，加水没过红薯块，先煮 10 分钟。

2. 小半碗玉米面加水搅成糊。

3. 等红薯煮软，把玉米面糊慢慢倒入锅里，边煮边搅拌，锅开了再煮 5 分钟就行了。

燕麦蔬菜粥

远在国外的"睡觉熊"曾教我煮燕麦咸粥，我想既然是做成咸味的，索性就加些蔬菜吧，于是做了这个燕麦蔬菜粥。以前只吃过燕麦片，这是我第一次吃燕麦粥，真的非常好吃，谢谢睡觉熊同学。

原料 燕麦米
　　　 油菜

做法

1. 燕麦米洗净，浸泡 8 小时左右，像煮普通的粥一样煮熟，要耐心地煮到开花。

2. 油菜洗净切碎，粥煮熟以后加到粥里再煮 2 分钟。

3. 加一点盐，搅匀，关火即可。

鸟语：在《时代》杂志评出的十大健康食品中，燕麦名列第五，它的好处已经被越来越多的人所认识。燕麦可以有效地降低人体中的胆固醇，对糖尿病患者也有非常好的降糖、减肥的作用。燕麦片是怎么加工出来的我不大清楚，但燕麦米是和糙米一样，都是未精加工，保留了完整营养成分的谷物。

薏米山药粥

　　《健康生活新开始》和《中国健康调查报告》中都明确地指出大多数疾病是可以预防的，尤其是那些慢性病、富贵病，都不是一天两天形成的，至少都经过了十年以上的累积。看看厨房抽油烟机上的油垢就能想象血管里是什么样子。要想预防这些疾病不需要昂贵的补品和灵丹妙药，只需要从现在开始，调整自己的饮食习惯，就这么简单。

　　人生百年终有一死，我们不一定能长寿，但活一天就要活得有质量，想想看，如果我们到了八十岁的时候还能出门旅行而不用坐轮椅，该是一件多么美妙的事情，你有信心吗？

　　这个薏米山药粥是一位中医推荐的，有健脾养胃的作用。薏米和山药都是性质温和的食补佳品，尤其对于体弱的老人和孩子，可以长期吃。但要注意的是：孕妇忌食薏米！

原料　薏米
　　　　　山药

做法

薏米洗净泡2小时，煮的时候最好先煮薏米，煮软后再加入去了皮的山药片同煮，等山药煮熟就好了。薏米本身没有黏性，味道也很淡，煮出来清汤寡水的，但米汤里有浓浓的山药香，很好吃。

冰皮薯泥月饼

　　快到中秋节了，不知有多少朋友喜欢吃月饼，反正我是不爱吃那种又甜又腻的东西，自己动手做几个健康月饼吃吧。家里没有烤箱，在网上找到一个不用烤箱的方子，被我改良成全素的。

原料　澄粉、糯米粉、植物油　　　牛奶、红薯

做法

1. 两份澄粉加一份糯米粉，再加牛奶和植物油，搅成比较稠的面糊。（不吃牛奶的可以用豆浆代替）
2. 把面糊放进蒸锅里蒸 30 分钟。
3. 等晾至不烫手的时候揉成面团。
4. 分成小剂包入蒸熟的红薯块，入模具定型。盖上保鲜膜，放冰箱里冷藏 1 小时后再吃。

　鸟语：原料中最重要的是澄粉，就是小麦淀粉，有时也叫超级生粉，在超市中一般和淀粉放在一起。注意有的薯粉也叫超级生粉，所以买的时候要看清成分，一定要小麦淀粉。

全麦核桃枣糕

　　周末没事在家鼓捣面粉，想用全麦面粉做发糕，结果用全麦面粉发面的效果很差，做出来完全不是我想象的那个样子，不过吃起来味道还不错，也算是没白忙活，如果用普通白面粉效果会更好。

原料　面粉、发酵粉、小苏打
　　　　无核干红枣、红糖、核桃仁

做法

1. 无核红枣用温水泡软，连水一起用搅拌机打成枣汁倒入不锈钢小盆里。

2. 枣汁中加入红糖和发酵粉，搅拌至完全溶解（加发酵粉时水温不能超过40℃）。

3. 再加入面粉搅成比较稠的面糊，盖上盖儿，放在温暖的地方等待发酵。

4. 等面糊发起来后搅拌一下，盖上盖儿再发，等发得差不多了就加入核桃仁拌匀，再加一小勺小苏打，连盆一起上屉大火蒸 25 分钟。

5. 把盆取下浸在凉水里晾凉，面饼取出切块即可。

炒猫耳朵

上周一到周五和老公一起全天喝果蔬汁五天，这次喝汁没像以前那样一到晚上就疯狂地想吃有咸味的东西。很奇怪，一点都不想，但是很馋面食，常常是一边流着口水一边念叨：我要吃热汤面、打卤面、炸酱面、麻酱面、拌凉面、热炒面……呵呵，吃不上过过嘴瘾也行啊。终于熬过了五天，周五晚上美美地吃了一碗热汤面。今天的午饭带的是炒猫耳朵，要是在家里吃，我一般都是煮成汤面，要带饭就只能吃炒的了。

原料 面粉、干香菇
　　　　 胡萝卜、黄瓜

做法

1. 面粉加水揉成面团，盖上湿布或保鲜膜饧面 1 小时，我用的是一半全麦粉一半饺子粉。

2. 干香菇泡发后切成小丁，胡萝卜和黄瓜也切成小丁。

3. 面团擀成面饼，切成条，再切成丁，用大拇指摁成猫耳朵。要注意随时撒干面粉防粘。如果懒得摁成猫耳朵就直接用小面丁也行，炒出来就是炒疙瘩。

4. 烧开一锅水，放点盐，再放入猫耳朵，边煮边用勺子或笊篱推，防止粘在一起。煮熟后捞出，用凉水冲凉。

5. 炒锅烧热倒适量油，放入胡萝卜和香菇丁翻炒，炒出香味后加点盐，放入黄瓜丁，最后放入猫耳朵，加点老抽酱油上色，略炒一会儿即可出锅。

西红柿疙瘩汤

　　在花样百出的面食中，做起来速度最快好多人又爱吃的恐怕就是疙瘩汤了。以前我只是知道个大概做法，总是做不好，不是粘成一大坨就是煮成一锅糨糊，心有不甘地做了几次之后，在某一天突然开了窍，做出了好吃的疙瘩汤，从此就常常被老公要求做着吃。

原料　面粉、西红柿
　　　　黄瓜（或青菜叶）

做法

1. 取一个大碗，放入适量面粉，面粉少一些比较好做。

2. 水龙头开到最细的水流，像条线一样细，把面碗拿到水流下均匀地淋上几秒钟后关上水，面粉沾水就会成团，耐心地用筷子把面粉拌成大小适中的面疙瘩，这里需要注意的就是要保持面疙瘩的干爽，因为面太湿了就会黏成一坨。拌好的就拨拉到一边，不要急着再加水，等确定碗里除了拌好的面疙瘩以外就是干面粉，而没有湿面团的时候，再淋一点点水重复上述过程，直到全部拌好。

3. 油烧热，放入西红柿块，加盐翻炒，等西红柿化成汁，加开水，再烧开后加入拌好的面疙瘩煮熟。可以加一点点生抽，最后放入青菜叶或黄瓜片略煮，撒胡椒粉和香油起锅。

豉香卤面

笨鸟做饭纯粹是毫无章法地胡乱做，有一次准备吃炸酱面，买回面条才发现家里没有黄酱了，懒得再出去买，反正家里常备着西红柿、干香菇，还有小半碗没用完的青豆（毛豆）。想就现有的材料简单做个卤，可是因为材料少，怎么煮都觉着不够味，在冰箱里翻了翻，发现上次做豆豉辣酱时剩下的豆豉，就加了一勺进去，没想到歪打正着，味道特好。

原料　西红柿、香菇
　　　　青豆、豆豉

做法

1. 西红柿 2 个，先用开水烫过，剥皮，切成小块；干香菇泡发后切丁；毛豆煮熟。

2. 热锅放油，烧到四五成热时放入西红柿，加盐翻炒，等西红柿化成汁后加入香菇和青豆。

3. 加点开水，煮开后放一勺豆豉搅匀，再煮一会儿即可。

平底锅做比萨

平时一贯吃得比较清淡，偶尔也吃吃大餐——比萨！自打吃素以后就再也没去过必胜客，因为印象里好像没有素比萨，家里也没有烤箱，不能做。后来看到有人不用烤箱，仅用平底锅也能做出来，不禁手痒，试了试，很成功。从此就一发不可收拾，时不时就做一次解馋。俺这么好的手艺得去爸妈家显摆显摆，而且爸妈家有烤箱，烤出来的一定会更好。按照食谱上交代的温度和时间设置好了烤箱，就放心地干别的去了，等时间到了听到"叮"一声响，端出来一看，傻眼了，黑乎乎的一片，全烤煳了！唉，这洋玩意儿还真用不好，还是老老实实回家用平底锅烙吧。

原料 豌豆粒、玉米粒、口蘑、番茄酱、奶酪丝、自发粉、牛奶

做法

1. 豌豆粒、玉米粒、蘑菇片先用开水焯一下。也可以用其他你喜欢的蔬菜，要是有青椒、红椒就更好了。

2. 自发粉用牛奶和成面团，为了使饼有咸味，牛奶里可加些盐，面要和得软些，饧至面团发起，把发好的面团擀成面饼，薄一些，大小可比平底锅大一圈，用叉子或牙签扎些小洞。也可以做成袖珍型的。

3. 平底锅里涂一薄层油，放入面饼，把大出锅底的边缘向里折起，里面卷上奶酪丝，这就是广告里所谓的"芝心比萨"。面饼上涂一层番茄酱，撒一些奶酪丝。

4. 依次铺上豌豆粒、玉米粒、口蘑等其他的材料，要是有青椒、红椒粒会更漂亮。撒一些胡椒粉，最后再撒一层奶酪丝，多放一些好吃。

5. 盖上锅盖，用最小的火焰20分钟。

6. 出锅了，奶酪丝已经融化。

鸟语：奶酪丝很重要，最好用马苏里拉的比萨专用奶酪丝，有的大型超市有卖。如果买不到也可以用整块的奶酪刨成丝。普通超市里卖的奶酪片效果不太好，但如果实在买不到别的也能凑合用，不过做好后拉不出丝。

玉米面发糕

　　第一次做玉米面的发糕，也不知道算不算成功，虽然味道还不错，但是远没有外面卖的那么松软，于是我又小人之心地想：外面卖的一定是加了什么膨松剂了。俺老公说他不爱吃软的，就爱吃这种有嚼头的，我就当是夸我吧。

原料　玉米面、白面、豆浆
　　　　发酵粉、小苏打、葡萄干
做法
1. 玉米面中加入一些白面，拌匀。

2. 发酵粉适量溶在不超过40℃的豆浆里。豆浆是自己打的，可以连豆渣一起和到面里。不是有种说法说玉米面加黄豆的营养价值相当于牛肉吗。

3. 把溶有发酵粉的豆浆倒入混合面中搅成比较稠的面糊。

4. 盖上保鲜膜等两三个小时，能明显看到面发起来，而且闻着有一点酸味。这时候要加入一茶勺小苏打。小苏打就是碳酸氢钠，它的作用除了中和面中的酸以外还能使面饼蒸出来松软。
如果再加一些葡萄干或者核桃仁、
枣之类的就更好了。

5. 把发好的面糊倒入模具或不锈钢饭
盒或其他耐高温容器中，水烧开后
大火蒸 30 分钟。如果怕不好熟可以
先蒸 5 分钟，面饼定型后用筷子在
上面扎几个洞。

6. 刚蒸出来的摸着有点粘手，晾凉些
就不粘了。加了葡萄干的特好吃，我
昨天午饭带的就是这个，强烈推荐。

白萝卜紫菜汤

看了日本人安部司写的《食品真相大揭秘》，我才知道过去我为什么爱吃方便面几乎到了上瘾的程度，甚至有时干啃完了面饼还要用调料包冲汤喝，觉得方便面汤味道淳厚浓郁。其实那是蛋白水解物的味道，是各种化学调味料的味道。忙碌的现代人对这些快餐食品越来越依赖，我同事桌子上的饼干盒子一个比一个大，电视里天天播放速食汤料的广告，超市里的方便食品有专柜可以免费品尝。这些东西虽然给人们的生活带来极大的便利，但是你要知道它们会破坏你的味觉，慢慢地你会觉得那些天然食材不够鲜、不够香、不过瘾。如果你能及早认识到这一点，马上改变饮食习惯，相信用不了多久你就会重新喜欢上食物本身的味道，不管它是萝卜还是白菜。当然，要完全摆脱添加剂也是不现实的，我们只要有这个意识，在脑子里挂上这根弦，多留意一点就能受益良多了。

原料 白萝卜、紫菜
　　　　姜、香菜

做法

清水烧开放入白萝卜片和姜丝，煮 10 分钟左右，放盐、胡椒粉适量，最后放入紫菜、香菜、香油即可。

鸟语：如果能买到有机食品，价格又不是太贵的话，请尽量买有机食品，尤其是不能清洗浸泡的紫菜、茶叶之类。

小白菜粉丝汤

笨鸟现在已经到了吃嘛嘛香的吃货境界，如此清淡的一碗汤也喝得有滋有味，清香无比，这在从前是无法想象的。这说明，饮食习惯完全可以改变，而且是在不知不觉中自然转变的，要想做到这一点，坚持喝果蔬汁是个捷径，相信汁友们都有类似的感受。

原料 小白菜、粉丝
　　　　姜
做法
先用姜丝炝锅，再下小白菜略炒，加开水和事先泡软的粉丝，稍煮一会儿，放盐、胡椒粉、香油即可。

雪梨南瓜水

北方气候干燥，吃些梨可以滋阴润肺清热，再加些南瓜能增加甜度，也更有营养。

原料 雪梨
　　　　南瓜
做法
雪梨和南瓜切成块，用小砂锅煮开 10 分钟，什么都不用加，自然就有甜味。这可不是和咱素食厨房倡导的生机饮食唱反调，而是笨鸟一吃生梨就胃疼。

🐦鸟语：南瓜皮较硬，不好削皮，我是这样做的：先把南瓜切成条，然后把南瓜条放倒，使有皮有一面在侧面，用刀直接切掉皮就可以了。

酵素果汁

多年前，杭州的素友哈拉到北京出差，我们约在一家新开张不久的小素食店里，虽然是第一次见面，但我们一见如故，不知不觉中聊了好几个小时。两个月前哈拉生下了健康的素宝宝，升级为素妈妈，真为她高兴。我们去的那家小店里有几本厚厚的制作精美的健康素食类的杂志，是老板的朋友从新加坡带来的，书里有一篇介绍酵素果汁的文章，酵素果汁在东南亚和中国台湾一带非常盛行，据说对健康有很大的好处，发酵的东西总是很神奇的，我们边看书边研究做法，不过回家后谁也没做，除了懒，还因为分辨不清做出的东西

究竟是发酵了还是变质了。一个多月前请朋友吃饭又去了那家素食店，惊异地发现店里有自制的酵素果汁卖了，店员说，是老板的新加坡朋友来北京手把手地教他们做的，柜台里排列着一大溜的玻璃瓶子，有葡萄的、菠萝的，看得我手痒，这回我终于下决心试做了一把，结果大获成功。

三个星期以后就可以喝了，打开瓶子的时候闻到些怪味，反复看了看，确认没有发霉长毛，壮着胆子喝了一杯葡萄汁和一杯石榴汁，大不了再中毒一次呗，反正咱也不是第一次当神农了。还好，味道和在店里喝的一样，有一点酒味，喝的时候要加足冰块，除了起到稀释

作用以外，口感会更好，像夏天喝冰镇雪碧一样爽口。现在那瓶葡萄汁已经喝完了，没有任何不良反应，当然有什么好处一时也看不出来。

原料　新鲜的水果、白糖
　　　　干燥无油的玻璃瓶

做法

1. 水果洗净晾干切成小块，我用的是葡萄，要切成两半，注意水果表面和案板、刀上都不能沾水和油，必须保持干燥无油。玻璃瓶洗净后最好在太阳下晒干。

2. 一层水果一层白糖，再一层水果一层白糖地放进玻璃瓶里。

3. 瓶口蒙上一层保鲜膜，旋紧盖子，放在避光的地方。

后来我发现瓶口封得还不是太严实，就在瓶盖上又蒙了一层保鲜膜，再用皮筋勒住。一周以后，瓶子里出现好多小泡泡，这说明菌群很活跃。

🐦鸟语：

1. 水果在发酵过程中瓶中的气体会膨胀，所以一定要选用质量好的玻璃瓶以免炸裂，或者每周打开一次放放气。

2. 理论上酵素果汁和酿酒是不同的，其区别在于糖的用量上，糖的量足够多就可以抑制酒化，但不可避免的是酵素果汁中可能会含有少量酒精，因此，严格忌酒的人应禁食。

3. 不必担心酵素果汁中的大量的糖，经过几个星期的发酵，其成分已发生变化，口感上也没那么甜了。

葡萄汁

　　偶然在电视里看到一个节目叫作《反思胃癌的美食家》，大家一定猜到了，讲述的就是鼠尾草的故事。这是我第一次在电视里见到鼠尾草，接受采访时她刚做完第一次手术，心情不错，在节目里她反思自己得病的原因，归结于生活方式不健康，暴饮暴食，天天熬夜等等，提醒大家要接受她的教训。只可惜，她觉悟得太晚太晚，估计她自己也想不到生命仅仅维持了半年。看着我的这个同龄人生前的影像，我感到无比的心酸，当你失去了健康，所谓的事业、才华、家庭…… 一切都是零啊。

　　在网上看到过一篇文章，说85%的癌症患者属于酸性体质，而健康人的体液是弱碱性。所以维持弱碱性的体质是远离疾病的第一步。在影响人体酸碱平衡的食物中，葡萄属于强碱性食物，当然葡萄本身是酸性的，但其代谢之后会使人体趋于碱性，经常喝点葡萄汁是个不错的选择。

　　玫瑰香是我最爱吃的葡萄品种，但因为个太小，还要吐皮吐籽，我又懒得吃，榨成汁喝就省事多了。

金橘酱

金橘上市了，来做金橘酱吧。

原料　金橘
　　　　蜂蜜

做法

1. 把金橘洗净、擦干水，再自然晾半小
   时，使水分充分蒸发。

2. 切成薄片，去核。

3. 装进洗净晾干的玻璃瓶里，一层金橘
   片一层蜂蜜，一直装满。封好瓶盖放
   进冰箱。

4. 一周以后就可以吃了。

5. 用干净又干燥的勺子舀出几勺，冲入
   温水尝尝，果香浓郁。据说用这种方
   法做的金橘酱能吃到来年金橘上市呢，
   不过恐怕没有人能等那么长时间吧，
   我连一周都等不及呢。

芝麻薯球

有位朋友说，平时总喜欢吃些饼干之类的点心，明知不好，可是戒不掉，问有没有什么替代品。我一下子就想到了这个，用芝麻薯球作为饭后甜点是最合适不过的了，香甜可口，肯定比饼干好吃。

原料　红薯
　　　　芝麻

做法
红薯切成几段，连皮蒸熟，去皮压成薯泥，

戴上一次性卫生手套捏成薯球，在芝麻碗里滚一下就好了，非常简单。

🐦鸟语：这个小点心是从林光常的书里学到的，红薯在抗癌食品中排第一，还具有很好的润肠通便作用，最好每天都吃。

雪菜炒豆渣

随着人们对健康的重视，越来越多的家庭添置了搅拌机或豆浆机，自己在家磨豆浆喝。自己磨的豆浆的确香浓好喝，可带来的副产品——豆渣却着实让不少人伤脑筋，扔了可惜，留着又不知道该怎么吃。在这里我们给大家介绍一些实用的豆渣食用方法。

忽然觉得挤干的豆渣看起来很像老北京小吃麻豆腐，麻豆腐炒着吃很香，那么炒豆渣一定也错不了。配着一碗白米粥吃，真不错！

原料 挤干的豆渣
　　　 雪菜

做法

炒锅放油，烧热，放豆渣小火翻炒，喜欢吃辣的可放两个干辣椒，等豆渣变成金黄色的时候放入雪菜，略炒一下即可出锅。也可以根据自己的口味搭配各种蔬菜。

豆渣香粥

原料 豆渣
　　　 玉米面

做法

1. 豆渣和玉米面加水搅匀成稀糊状。

2. 锅里加水烧开，把豆渣玉米糊慢慢倒入，边倒边用勺子搅动。

3. 再次烧开后小火煮 10 分钟即可。

鸟语：豆渣煮成粥后非常香滑细腻，完全没有豆渣的粗糙感。还可以把玉米面换成燕麦片、小米等其他谷物。

豆渣丸子

原料　豆渣、胡萝卜
　　　　香菜、面粉

做法

1. 豆渣用纱布挤干（挤出来的可是豆浆哦，不要浪费了）。

2. 胡萝卜用擦菜板擦成细丝。

3. 香菜洗净切碎，和豆渣、胡萝卜丝一起搅匀。

4. 加盐、胡椒粉和面粉，面粉的用量比豆渣略少一些。

5. 团成丸子状，入油锅炸，注意一定要小火，否则外面炸煳了里面还是生的呢，等丸子彻底炸熟就可以吃了。

鸟语：油炸食物不宜常吃，偶尔解馋吧。

豆渣汤圆

　　有一位素友告诉我，可以把豆渣加上糯米粉蒸着吃，受这个启发，我试着做出了豆渣汤圆。

　　用豆渣做出的汤圆看起来比较挺，不像纯糯米汤圆那么软趴趴的，但吃起来又软又糯，还带有一种豆香味，很好吃。周末的时候有时间可以多包一些，冻在冰箱里，随吃随煮很方便。

原料　豆渣、糯米粉
　　　　红豆沙

做法

1. 挤干的豆渣加上等量的糯米粉，加些水揉成面团。

2. 红豆沙捏成小球状，作为汤圆馅。

3. 取一小块面团，在手里按扁，放上红豆沙，搓成圆球。

4. 煮的时候先把水烧开，再下汤圆，开锅后继续煮 5 分钟，汤圆全漂起来就熟了。

豆渣玉米蔬菜饼

不知道这个饼该叫什么名字，索性就把用到的材料都罗列起来吧，简单直观。在豆渣系列的诸多方案中，这个可以算是最健康的了，做起来也很简单的，值得大力推广。

原料　豆渣、玉米面、胡萝卜
　　　　香菜、盐

做法

1. 豆渣挤干，胡萝卜用擦菜板擦成细丝，香菜切碎(也可用其他蔬菜，比如油菜、芹菜叶)。

2. 将豆渣、玉米面、胡萝卜丝、香菜、盐等原料混在一起搅拌均匀，加适量水使其有黏性。玉米面的用量可比豆渣多一些（从体积上看）。

3. 做成圆饼状放进蒸屉，屉布事先要淋湿，开锅后用中火蒸 20 分钟。

鸟语：刚出锅时有点粘手，晾一会儿就好了。吃起来口感松软，完全没有窝头或贴饼子的拉嗓子的感觉，而且营养丰富，适合早餐或晚餐时吃，尤其是受便秘之苦的朋友一定要试试，通便效果非常好哦。

豆渣馒头

　　"有心栽花花不开，无心插柳柳成荫。"本想用豆渣加面粉做成豆包，先按书上教的方法煮红豆，可怎么也煮不烂，一遍又一遍地添水，煮了好几个小时！好不容易包完了豆包，还剩一些面，顺手做了几个馒头。没想到的是蒸出来一尝，馒头比豆包好吃，所以就给大家介绍豆渣馒头吧，松软香甜，做法简单。

原料　豆渣 200 克、面粉 400 克、酵母粉3 克，这个分量足够 4 个人吃

做法

1. 干酵母粉约半茶勺，溶在一碗温水里，水温和体温差不多就行，温度过高会使酵母失去活性。

2. 豆渣和面粉混合拌匀，加入溶好的酵母水，揉成柔软光滑的面团，盖上湿布，放在温暖处饧面，在室温二十几度的情况下，约 3 个小时能发起来。

3. 面发好后再揉一揉，可以做成圆馒头，也可以直接用刀切。

4. 做好馒头后冷水上屉，先静置 20 分钟，馒头会发得更大，这叫作二次发酵，然后大火烧开，转中火蒸 20 分钟即可。

🫖鸟语：随着家用电动豆浆机的不断更新换代，产生的豆渣必将越来越少，豆渣解决方案至此告一段落，煎、炒、烹、炸也都用过了，在这诸多方法中，你最喜欢哪一种呢？

冬

什锦西兰花梗

最近看了好多素友把西兰花梗单独拿出来炒菜，觉得这主意真是不错，一棵西兰花可以做出两个菜呢。

原料　西兰花梗、胡萝卜
　　　　山药、甜玉米粒

做法

1. 西兰花梗切成丁，沸水焯过，胡萝卜和山药去皮切丁，山药切好后要泡在盐水里防止氧化。

2. 油烧热，依次放入上述原料略炒，最后加盐即可。喜欢吃炒饭的还可以把米饭加进去做成什锦炒饭。

白菜帮炒木耳

这道菜的卖相可真是不好看，难怪有的菜谱上为了照片拍得漂亮，会直接拍生的菜，生白菜和生木耳，黑白分明，比做熟后漂亮多了。不过我还是愿意给大家看真实的菜，保证拍完照片就能吃掉的。说实话，拍照片一直是笨鸟比较发愁的一件事，第一没有好相机，第二不懂半点摄影技术，只会拿着傻瓜相机咔嚓，第三有时候菜做出来确实很难看。

曾请教过一个爱好摄影的朋友，如何才能拍出好照片，朋友说了一大堆诸如单反相机、广角镜头、如何调光圈、如何布光、如何布景等等，我一听就彻底晕菜了。

又请教一位平面设计师朋友，用我的烂相机如何才能化腐朽为神奇，朋友说："照相机的作用就是记录最真实的东西，能达到这个目的就够了！"嗯，言之有理，正合我意。我还是别那么劳神了，等我有钱又有闲的时候再好好钻研吧。

原料 大白菜帮、木耳
    姜丝

做法

1. 大白菜去掉老帮和菜叶。选用嫩菜帮洗净控干，斜切成坡刀片，木耳泡发洗净。

2. 炒锅烧热倒油，放几粒花椒和姜丝爆香，别等花椒炸糊，迅速放入白菜帮和木耳翻炒。

3. 加少许盐和生抽，盖上锅盖焖2分钟之后起锅。

白萝卜炒木耳

　　曾经在北京一个香火很旺的寺院里吃过一次真正的斋饭，就是师父们平常吃的午饭。其中就有这个白萝卜炒木耳，另外还有一个香干炒芹菜，就这么简单的两个菜，我觉得特别香，比我做的菜好吃。可是旁边一位女士一直在抱怨菜太难吃，开始我还以为自己听错了，后来她又说了好几次，看来她真的受不了这样的饭菜。所以我现在也很疑惑，我觉得好吃的东西是不是真的好吃？我推荐了那么多菜给大家，如果有同学试过以后觉得不好吃的，我只能说：很抱歉。

原料　白萝卜
　　　　木耳

做法

1. 白萝卜去皮切片。木耳泡发洗净，开水烫过捞起，过凉水，撕成小朵。

2. 油热先下木耳略炒，再下萝卜片，炒软后放点盐即可。

西兰花炒什蔬

原料　西兰花、胡萝卜
　　　　藕、木耳

做法

1. 西兰花掰成小朵，洗净，用开水焯软。

2. 胡萝卜和藕去皮切成片，木耳泡发撕成小朵。

3. 热锅凉油，把所有材料炒一炒，加点盐即可。

炝拌白菜心

新年过去了，同学们在节日里也一定少不了聚会吃大餐吧，现在也该清清肠排排毒了，和我一起吃个清凉爽口的凉拌白菜心吧。

原料 白菜心
　　　干辣椒

做法

1. 大白菜的嫩心洗净切成细丝。

2. 干辣椒掰碎撒在白菜丝上。

3. 热锅倒油，放入几粒花椒，等油烧热、花椒变黑，趁热浇在白菜丝和干辣椒上，再加点生抽、醋拌匀就可以吃了。

栗子娃娃菜

还是上次买的栗子，没吃完剩了一些，想着栗子的甘甜和娃娃菜的清甜搭配起来味道应该很不错的。一般做娃娃菜要配高汤，我懒得煮素高汤，就加了一点蘑菇，所以煮出来的汤颜色有点黑，不漂亮了。

原料 栗子仁、娃娃菜
　　　蘑菇

做法

1. 娃娃菜洗净，顺着长度的方向切成几瓣。

2. 用一点油盐把蘑菇炒一下，我总觉得蘑菇炒过会更鲜，放入栗子仁，加水，先煮 5 分钟。

3. 放入娃娃菜，再煮几分钟，至娃娃菜软，撒上胡椒粉、香油即可出锅。

五彩冬笋丝

前几天去菜场买菜，发现已经有早熟的春笋卖了。春天来啦，蔬菜品种马上就要多起来了，抓紧时间再吃一次冬笋吧。

原料 鲜冬笋、香菇
　　　　彩椒

做法

1. 冬笋去壳，再切成粗丝，煮熟。

2. 干香菇泡发后切丝，彩椒也切丝。

3. 炒锅烧热放油，先炒香菇丝，再下冬笋丝，最后放彩椒丝，加点盐即可出锅。

香菇烧冬笋

饭店里有一道菜叫"烧二冬"，和这个菜差不多，"二冬"指的是冬菇和冬笋，在此基础上我加了些豆苗，非常好吃，推荐给大家。

原料 干香菇、冬笋
　　　　豆苗

做法

1. 干香菇用温水泡发。

2. 冬笋剥去外皮，切成滚刀块，煮熟。

3. 豆苗洗净，在开水中焯过后用冷水冲凉，铺在盘子里。

4. 炒锅烧热倒油，先下香菇略炒，再下冬笋，加酱油、盐。

5. 添开水没过菜，等汤快收干时用水淀粉勾芡即可盛到铺了豆苗的盘子里。

榛蘑茄子干

　　秋天的时候我试着晒了一点茄子干，北方的冬天蔬菜又贵又少，现在炖茄子干吃正是时候，加上东北特产榛蘑，太香了。

原料　茄子干　黄豆
　　　　榛蘑

做法

1. 茄子干、榛蘑、黄豆全部洗净泡发，黄豆用开水煮5分钟，捞出。
2. 先用油炒榛蘑、黄豆，之后放入茄子干略炒，放盐和酱油，加水没过菜，盖上锅盖焖10分钟左右即可。

🐦鸟语：晒茄子干的方法是把茄子切片，先在开水里烫一下，或大火蒸2分钟，然后在烈日下晒干。

黄豆焖茄子

　　天天都是土豆白菜的，吃腻了吧，偶尔换换样，来个反季菜解解馋吧。这张照片可是真难看呐，做了两次都没拍好，大家凑合着看哈。

原料　黄豆
　　　　茄子

做法

1. 黄豆用清水泡8小时，煮开后再煮5分钟。
2. 茄子去皮切成小滚刀块。
3. 热锅凉油，先放茄子翻炒，再放黄豆，盖上锅盖小火焖，直到茄子软烂，放盐和酱油起锅即可。

孜然回锅土豆

北京冬天的菜价真是贵，随便买点就得十几块钱，北方冬季的应季菜大概就是白菜土豆萝卜了，还是咱传统的当家菜最实惠。

原料 土豆
　　　　彩椒

做法

1. 土豆去皮切成丁，用蒸锅蒸 10 分钟，彩椒或青椒切成小块。

2. 炒锅烧热放油，投入蒸熟的土豆丁和彩椒。

3. 放一点盐、酱油、孜然粒，拌匀即可出锅。

茭白炒青豆

去菜场买菜的时候，摊主极力向我推荐新上的茭白，说是纯天然种植的。我记得有位博友说过，茭白容易生虫，所以种的时候要打好多农药。那现在天气这么冷，肯定不会生虫了，应该可以放心地吃了吧。

原料 茭白、青豆（毛豆）
　　　　红椒

做法

1. 茭白剥去老皮切成片，青豆煮熟，红椒切成小丁。

2. 油热先放入茭白，炒到变色再放入青豆，加适量盐和生抽，最后放入红椒丁略炒即可。放红椒主要是为了好看，没有也无所谓。

土豆烧白菜

北方人冬季的当家菜大白菜已经大规模
地上市了，电视新闻里说，今年北京市场上
的大白菜超级丰收，收购价已跌到二三分钱
一斤。即使这样还是有好多白菜来不及卖掉
就烂在地里，看着农民亲手把自己种的菜刨
出来扔掉，真让人心疼，太可惜了。我们只
有多吃大白菜来支持这些菜农吧。大白菜价
格低廉且营养丰富，我们就来个白菜宴系列，
看看白菜有多少种吃法，今天上的是土豆烧
白菜。

原料 大白菜、土豆
做法
1. 把嫩一些的白菜帮一层层剥开，洗干
   净，连帮带叶切成块。比较厚的菜帮
   要斜着削成片，这样烧的时候容易进
   味。土豆去皮切成滚刀块。
2. 炒锅烧热放油，先放白菜翻炒，等白
   菜略软时放入土豆，放一些盐，这时
   白菜会出水，盖上锅盖中火焖七八分
   钟，土豆焖熟以后放酱油上色收汤。

土豆烧平菇

原料　土豆、平菇
　　　　胡萝卜、西红柿

做法

1. 土豆和胡萝卜去皮切成滚刀块，西红
   柿用开水烫一下，剥皮切小块，平菇
   洗净掰成小块。

2. 油烧热放入西红柿，撒上盐翻炒，等
   化成汁后放入其他原料。

3. 放适量生抽，再加水没过菜，烧开后
   煮到土豆绵软即可。

香菇栗子烧土豆

原料　栗子仁、香菇
　　　　土豆

做法

1. 锅烧热放油，先下香菇炒香，再放栗
   子仁和土豆块，加水没过菜，盖上锅
   盖焖10分钟。

2. 放盐和生抽，大火收汤。我是把汤收
   干了，吃的时候觉得有点干，不下饭，
   如果留点汤底应该会更好吧，或者另
   配一个汤菜。

乱炖一锅

冬天的时候我特别喜欢把好几种菜放在一起用砂锅炖，连汤带菜热热乎乎的。我以为只有我家才这么做，后来看到送欢、阿其、小葱拌豆腐等等好几位同学都喜欢这个吃法，只是菜的品种有些差异而已。

原料　冻豆腐、西红柿、干香菇
　　　　胡萝卜、娃娃菜

做法

1. 冻豆腐解冻，干香菇泡发，胡萝卜和西红柿切成小块。

2. 炒锅烧热放油，先放香菇和胡萝卜炒香，再放西红柿，加盐，炒至西红柿化成汁，移入砂锅中。

3. 放入冻豆腐，加水没过所有的菜，加一点生抽，慢慢炖上十几分钟。

4. 最后放入撕成小块的娃娃菜再煮一两分钟，放胡椒粉、香油，出锅。

🐦鸟语：把冻豆腐换成土豆也好吃。

什锦麻辣锅

以前笨鸟做菜特别喜欢用四川郫县辣酱，后来一个成都的朋友告诉我，郫县辣酱的制作过程很脏，吓得我回家就把冰箱里剩下的半袋郫县辣酱扔了。但是麻辣锅里没有郫县辣酱味道就差了很多，所以我添加了孜然粒，效果是出奇的好，记得要用孜然粒，不要用孜然粉哦。原料也可以随意搭配，想吃什么放什么，平菇、莴笋、莲藕等等都好吃。

原料　腐竹、蘑菇、魔芋、芹菜花椒、
　　　　干辣椒、孜然粒
做法

1. 腐竹提前用凉水泡 8 小时，泡软。

2. 蘑菇和魔芋用开水焯熟。

3. 原料洗净切好。

4. 炒锅烧热倒油，趁油没热时放入一把花椒和干辣椒，喜欢麻辣口味的朋友可多放些。等油热炸出香味后把花椒捞出（不怕麻的也可以不捞）。这时本应再放些四川郫县辣酱，我没有放，你要是愿意用的话，后面就不用加孜然粒了。

5. 把准备好的菜依次倒入锅里翻炒，放些生抽、盐，再加些水，烧一会儿。

6. 最后加一大勺孜然粒略炒即可起锅。

酸辣大白菜

大白菜真的能做出很多组合和口味来，所以它就像人群中的一类，看似没什么个性，把他们放到任何地方都可以融合，殊不知这需要很深的内涵才能做到，如同大白菜极丰富的营养价值，哪里像它的外表这么平凡呢！

原料 大白菜
小米椒

做法
白菜帮切丝，加小米椒（其他椒也一样），快炒到断生，放点盐醋起锅。

凉拌鱼腥草

鱼腥草跟榴莲有点类似，爱之爱极，不爱吃的人一点都不吃。公司里对此就分为两派，我办公室的 MM 们就极其喜欢，人均一顿可以消耗半斤以上。而且我还发现，公司里只要喜欢鱼腥草的人都喜欢吃榴莲，真是臭味相投呀！

原料 鱼腥草

做法
鱼腥草淡盐水浸泡 10 分钟洗净，再拌点油盐醋腌一会儿即可。

干锅茶树菇

干锅茶树菇是现在餐馆里比较常见的菜，但餐馆里都加了肉的，所以只好自己动手做啦。按惯例我一如既往地大大地简化了配料和步骤，也自作主张地添加了些东西，比如腰果之类的。总之，自由发挥才会让人觉得下厨也是一件趣事。

还有，悄悄地给做饭的同学们传授一个秘诀，这是我最近才从某素餐厅厨师长那里学到的（当然你可能早就晓得了哈）。油下锅准备炒菜之前可以先放几根芹菜煎一下，等芹菜香味出来后，把芹菜扔掉，再炒你要炒的菜，这就是为何有些菜自己家里总是做不出餐馆里的特有的香味的原因之一。

原料 茶树菇、芹菜、彩椒、腰果
橘子皮、干辣椒、花椒

做法
冷油下锅后先放几根香菜（土豆泥忘了买芹菜，就擅自篡改为香菜了）、干辣椒、花椒，随着油温的升高，这三样东西就会散发出一种不可抗拒的香味。这时，赶紧把它们捞起扔掉，下彩椒，焯过水的茶树菇、少量橘子皮（一定要洗干净）、腰果，翻炒，加点盐、生抽、红糖粉，炒熟起锅。

胡萝卜渣糙米饭

原料　胡萝卜渣、糙米
　　　　芹菜、橄榄油

做法

糙米洗净后加水，加入榨胡萝卜汁后剩下的胡萝卜渣，搅匀，滴几滴橄榄油，糙米加橄榄油后更容易煮烂，胡萝卜素也更容易被吸收。煮熟以后胡萝卜渣就像被煮化了一样，丝毫没有干涩的感觉。吃的时候撒上芹菜末，颜色漂亮又有营养。

简易韩式拌饭

原料　香菇、平菇、胡萝卜、西葫芦
　　　　青椒、米饭、韩式甜辣酱（要是有
　　　　自己发的黄豆芽就更好了）

做法

1. 香菇、平菇、胡萝卜、青椒都切成丝，西葫芦切片，把这几种菜分别用油和盐炒过。

2. 我没有石锅，就用了砂锅，注意砂锅要用耐高温的，否则容易烧裂。在锅的内部涂上一层香油，放在火上烧，等烧热后放入米饭。

3. 把菜呈扇形铺在米饭上，过一会儿能听到米饭和香油烧得吱吱作响，等米饭热透，锅壁和底部也烧出了锅巴，关火。吃的时候要拌入韩式甜辣酱，现在有很多超市都有卖。

二米饭

很多年前，偶然在饭馆里吃到一种混合了小米的大米饭，黄灿灿的，看着很有营养的样子，回家后忍不住大惊小怪了一番。我妈说：这有什么稀奇的，在东北这叫二米饭。多少年过去了，我再也没吃到过。

后来，有了自己的家，客厅阳台的窗外有一个露台，偶尔会有一两只小麻雀在墙头蹦蹦跳跳地走过。我和老公开始试着在露台上撒一些小米来招待这些小客人，慢慢地小麻雀越来越多，几乎从早到晚都不断。从此，小米成了我家的常备之物，而我们也能经常吃上美味营养的二米饭了。到了冬天，冰雪覆盖天寒地冻之时，小鸟找食非常困难，如果你们有这个条件，那么请在窗外也撒些小米吧。播种爱心，必将收获快乐！

什锦炒饭

多年以来中午一直是吃公司食堂提供的免费工作餐，四菜一汤还算丰盛，吃素以后就只剩一个素菜可吃了，这样又坚持了3年。现在我终于下决心自己带饭吃了，虽然麻烦点，可是能吃得舒服又健康。我最喜欢的就是这种糙米炒饭，做着简单，吃着好吃。再准备一些紫菜和香菜，放在保鲜饭盒里，淋上生抽和香油，中午用开水一冲就是一碗香味四溢的好汤。

原料　糙米饭、香菇、胡萝卜
　　　　豆腐干、芹菜
做法

1. 干香菇泡发，切丝，胡萝卜去皮切片，豆腐干切成丁，芹菜切成碎末。
2. 炒锅烧热放油，依次放入香菇、胡萝卜、豆腐干翻炒，加点盐，然后加入糙米饭，最后放芹菜末炒匀出锅。

鸟语：说到糙米，刚开始吃的时候我觉得又干又硬，没有白米饭香，所以煮饭是用一半糙米一半白米，之后慢慢减少白米的量，最后完全用糙米了。现在我煮糙米不提前泡，煮的时候务加一点水，再滴几滴橄榄油，煮出的糙米饭口感很好。有一次家里的糙米吃完了，让我老公去买，买回来我一看，是燕麦，这小子把燕麦当成糙米买回来了。想想我也曾经把大麦当成糙米，我也就不说什么了，只好煮了白米饭，烂吧唧唧的，真难吃。吃惯了糙米就会觉得糙米饭越嚼越香，是那种谷物的清香，再也不爱吃白米饭了。

脚板苕杂粮粥

如果有条件的话，土豆泥每顿饭都想吃这样滚滚的五谷杂粮粥，加一两种凉拌菜，生拌的也好，水里烫一下的也好，都觉得很爽，饭后不会感到明显的饱胀。

记得有本老外的书里讲到最佳的饭量是吃饭前和吃饭后在感觉上几乎没什么差别，就是不要到饿了才吃，也不要吃饱。这不但是一种境界，还得有这福分呀，上班族有几个能做到呢？

土豆泥挑的这个很名副其实，其他的大多数都是奇形怪状的，所以才有拿脚板苕冒充怀山药、何首乌、人参卖的，呵呵。

这种根茎类的食物总是给人一种很实在的感觉，吃一口就有一口的分量。做主食也可以，入菜也不错，营养价值高，污染相对较少，真是优点多多啊。

新年以这个脚板苕杂粮粥作为开始，也是希望咱的素食厨房能够不断进步，一步一个脚印地去做一件有意义的事。特别是跟大家一起把健康的观念都逐步在生活中落实，形成自觉的习惯，远离疾病，做健康的主人。

原料 杂粮
　　　　脚板苕

做法

杂粮若干种，淘净后热水浸泡2小时，然后和泡的水、脚板苕（红薯、南瓜、山药、芋头均可）一起煮熟，土豆泥还顺手加了几个干桂圆，总之随意搭配就好。

不一样的腊八粥

土豆泥向来迟钝，昨天下午才听说今天是个节日——腊八节，所以赶早起来给同学们熬了一大锅浓浓的腊八粥。人人都有，想吃几碗吃几碗，不要抢哈。

古代地球还是地球的时候，地广人稀，交通不便，能把很多食物凑到一起煮想必得费点力气，所以节日才能奢侈一下哈。现在地球变村了，随便一抓，都是N多的品种。就像这个碗里，放了好多样东西，土豆泥已经记不清了，不过有两样是很特别的，就是碗正中的那两样——葡萄干和人参果，土豆泥重点给大家介绍一下。

这个葡萄干的确不一般，不仅因为是自然挂干的全天然有机食品，更因为是笨鸟秋天里千里迢迢送给土豆泥的，所以土豆泥万分珍惜保留到今天还没吃完，哈哈。

人参果又称蕨麻，这是从藏地回来的朋友送的。蕨麻系高原蔷薇科野生植物，含有维生素及镁、锌、钾、钙元素。具有较高的医疗和营养价值，它有着健胃补脾、生津止渴、益气补血的功能，故藏医称其为卓老沙僧，常以其入药。六七月间开花时的全草，还可用来收敛止血，止咳利痰，亦作滋补。蕨麻含有大量的淀粉、蛋白质、脂肪、无机盐和维生素，故常食之，确有人参延年益寿的功效，因此被人们美誉为"人参果"。

番茄土豆面片汤

最近病毒性感冒在北京大肆流行，此次病毒性感冒的特点是持续几天高烧不退，医院的发热门诊人满为患，有些社区医院的感冒药甚至脱销。笨鸟也不幸中招了，可能是元旦期间频繁出入医院看望病人所致。元旦假期过后上班第一天就感觉不对劲，晚上回家就烧到38.5度。因第二天的工作无法脱手，只好带病又上了一天班，好在紧接着就是双休日，好好在家养了两天病。上午喝果蔬汁补充能量，下午就喝这个面片汤发汗，效果不错。

原料　西红柿、土豆
　　　　　面粉

做法

1. 面粉一碗，加水揉成面团，再擀成饼，切成1厘米宽的条。

2. 西红柿和土豆都切成丁。

3. 炒锅烧热倒油，先放入西红柿翻炒，加些盐烧一会儿，等出汁后加入土豆，略炒一下，倒入半锅开水。

4. 手拿着切好的宽面条，捏薄，边揪成面片边扔到锅里。

5. 等所有的面片揪完再煮2分钟，放点酱油、胡椒粉和香油即可。趁热吃上一大碗，吃完就出汗退烧啦。

卤面鱼儿

平时在包饺子或烙馅饼的时候,有时会剩下一小块面,可以随手做一碗简单的面鱼儿,也很好吃。

原料　面团、香菇
　　　　口蘑、西红柿

做法

1. 把面团擀成大饼,再切成条,揪成小块,在手掌中搓一搓,自然就成了小鱼儿的形状。

2. 面鱼儿煮熟捞出,浇上卤就行了。我做的是香菇西红柿卤,油锅烧热放西红柿块,加盐,再放香菇丁,很快西红柿就出汤了,多炖一会儿,再加些豆腐干会更好吃。家里没有,我改放了口蘑,口蘑也要提前炒一下才香。

鸟语: 还可以按照汤面的做法,也是油锅里先放西红柿垫底,放盐,等汤出来之后放土豆丁,加开水,放进面鱼儿煮熟,最后加点生抽、胡椒粉、香油即可。

什蔬炒面片

　　博友里有不少喜欢吃面食的，我也是。去青海旅行时过足了瘾，凉皮、拌面、炒面片等等吃了个够，回来自己试着做了一次炒面片，只可惜我这面片做得太厚了。后来听西部的朋友说正宗的面片是用手揪出来的，而不是刀切出来的，难怪做得不像，原来方法不对，但是味道还是不错的。

原料　面粉、香菇、蘑菇
　　　　青红椒、小油菜

做法

1. 面粉加凉水揉成面团，饧 1 小时左右，饧面是为了让面团松弛、柔软。等着饧面的时候可以择洗蔬菜。

2. 接下来就是擀面片了，我家劳动力不在，只好自己动手了。先把面团擀成一大张薄饼，如果面团比较大可以切成几块分几次擀。

3. 在面饼上撒上干面粉防粘，然后切成小片。

4. 把切好的面片抖开，放入沸水煮熟（煮的时候水里加些盐也能防粘），捞出后冷水冲凉待用。

5. 炒锅烧热倒油，把菜放进去翻炒，先放蘑菇类再放青红椒，之后放小油菜，加盐，最后再放面片炒，炒的时候加生抽或酱油上色提味。对了，加一点泡香菇水会更好吃，泡香菇时中途要换一次水，留用第二次的。

笋丁炸酱面

　　那天一个朋友打电话问我素炸酱怎么做好吃，这个无肉不欢的家伙竟然吃起素来了，我说了我家的这个做法。过了几天，告诉我，特好吃。想吃素炸酱面的同学不妨也试试。

原料　干黄酱、甜面酱
　　　　　冬笋、手擀面

做法

1. 冬笋切成小丁。冬笋可以直接买水发的，省事。如果是新鲜的带壳的冬笋，去壳后要先煮熟去涩味。

2. 干黄酱、甜面酱按 2:1 的比例混合，或者黄酱多些，甜面酱少些也可以。加水调稀。

3. 炒锅烧热放油，先炒笋丁，再倒入稀酱糊，小火慢慢炸，边炸边搅动，等酱汁变稠，酱香飘出就可以关火了。如果酱炸时觉得太干，可以再加水，如果太稀就多炸一会儿等水分蒸发。

4. 最后再备点拌面小菜，面条煮熟就开吃啦。

🐦鸟语：炸酱的时候会有酱汁迸溅出来，此时加一些橄榄油进去就不容易溅出来了。而且炸好的酱如果一次吃不完，剩下的也不会变干，这可是笨鸟的独门秘籍哦，一般人我不告诉他。

白菜蒸饺

这物美价廉好吃的大白菜，可热炒、可凉拌、可煮汤、可做馅，无所不能啊。

原料　大白菜、芹菜、香菇
　　　　　豆腐干、粉丝、面粉

做法

1. 做蒸饺一定要用烫面，即：用一半沸水，一半温水和面，这样蒸出的饺子口感又软又有韧性。水和面的比例我也没称过，每次都是估摸着来，先慢慢加入开水，边加边用筷子搅拌，等面粉结成一块一块的，再加入温水揉成面团，盖上湿布饧面。

2. 饧面的时候正好准备饺子馅，大白菜帮剁碎，撒上盐拌匀，等杀出水后用纱布攥干。白菜挤出水后会变得很少，所以要多准备一些。

3. 香菇、豆腐干、芹菜切碎，粉丝煮熟后用凉水冲凉、切碎。把所有材料拌在一起，加入油、香油、盐。注意白菜是用盐腌过的，所以再加盐时最好尝一尝，别加多了。

4. 因为是蒸饺，不用担心煮破，所以饺子可以包得大些。蒸锅的水烧开，铺上淋湿的笼屉布，笼屉布一定要淋透，大火蒸 15 分钟就行了。注意饺子蒸熟后要立即拣出来，否则粘在笼屉布上容易破。

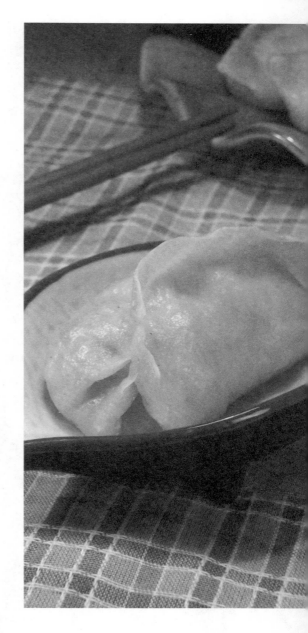

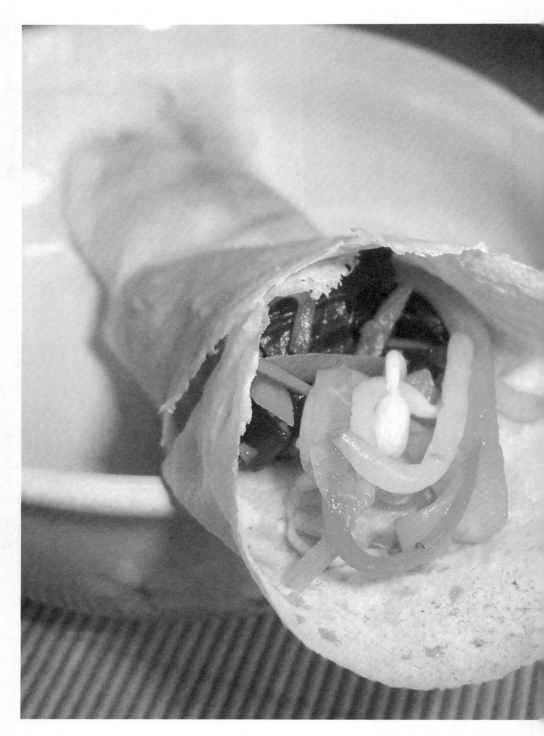

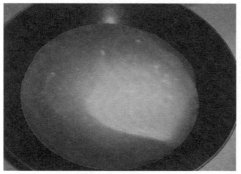

原料　绿豆芽、黑木耳、胡萝卜
　　　　莴笋或黄瓜、芝麻酱
　　　　面粉 2 杯、淀粉 2/3 杯、水 3 杯

做法

1. 胡萝卜、莴笋或黄瓜切成丝。

2. 黑木耳温水泡发，洗净切成条，在开水中煮 2 分钟，捞出冲凉。

3. 胡萝卜丝和绿豆芽也在开水中焯熟。

4. 芝麻酱一大勺，加水加盐搅拌均匀。

5. 调好的芝麻酱倒在菜里拌匀。

　　上述步骤简单地说就是：用芝麻酱拌个凉菜。

6. 现在开始烙饼，把面粉＋淀粉＋水搅成稀面糊。淀粉就是做菜用的土豆淀粉。

7. 舀一勺面糊倒平底锅里，转动锅，使面糊均匀地铺满锅底。加了淀粉的面糊一受热就凝固，面糊就流不动了，所以建议这个步骤离火操作。如果用的是不粘锅就不用放油，否则锅里要事先刷一层油以防粘锅。

8. 点小火烙饼，等饼的边缘变透明且翘起时，翻一面。烙一张饼速度很快的话，也就 1 分钟吧。

9. 重复上述步骤直至全部烙完。最后把拌好的菜卷进饼里吃就行了。

🐤鸟语：如果在做菜烙饼的同时再煮个粥，这顿饭就更完美了。

美味卷饼

　　很喜欢春卷丰富的馅料，可不喜欢吃油炸的。还喜欢春饼，可做法太复杂。我妈每次做春饼都要做一大桌菜，还要在厨房烟熏火燎地烙半天饼，让我想起来就犯怵，于是被我这个又馋又懒的人胡乱改良成这么个四不像的东西。都不知道该叫什么名字，姑且叫作卷饼吧。

孜然馒头片

我们公司附近的一家餐厅对外开了个大排档，曾有一段时间我同事天天念叨他们的烤馒头片如何好吃。我去吃过一次之后果然很对胃口，自己回家也试着做做，只不过人家是用炭烤的，我没有烤炉，就用平底锅煎了。

没涂油辣子的一面朝下，撒上孜然粒，用最小的火煎一会儿。

3. 翻个面再煎一小会儿，盛到盘子里，再撒点孜然粒，插上竹签就可以吃了。

原料 馒头、油辣子
　　　孜然

做法

1. 一个馒头切成四片，涂上油辣子（如果不吃辣就抹上一点油和盐也行），只涂一面即可。

2. 平底锅里刷上一层油，放入馒头片，

🐦鸟语：注意吃辣上火，最好再吃一些水果蔬菜绿豆汤清火。

香甜小窝头

　　粗粮之所以被称为粗粮，大概是因为口感粗糙不好吃吧。但事实上，粗粮的营养成分比精米精面要丰富得多，所以现在营养学家提倡多吃五谷杂粮，少吃白米白面。咱不但要响应号召，还要把它做得美味可口！传说慈禧吃的窝头是用栗子面做的，所以好吃。后来有专家出来辟谣，说慈禧吃的窝头是用玉米面做的，只不过做得比较精细。慈禧的窝头咱没吃过，怎么做的也不知道，但咱的窝头好吃那是实实在在的，说不定比慈禧的还好吃呢。

🐦鸟语：玉米面本身没有黏性，不容易捏成型，所以要加些黄豆面，玉米面和黄豆面的比例为4:1。

原料　玉米面、黄豆面
　　　　牛奶、炼乳

做法

玉米面和黄豆面混合，牛奶烧开，慢慢加到混合面里，再加些炼乳揉成面团。加炼乳是为了增加香甜味，量多量少随意。然后捏成窝头的形状，底部要用拇指按一个洞，容易蒸熟。这是我第一次做窝头，捏得不好看，像个小泥碗。最后开水上屉大火蒸20分钟。

白菜汤

　　曾看到过一篇文章，现在有四成日常食品铝超标，过量摄入铝对人体的危害非常大。而大白菜中含有的硅元素能够迅速地将铝元素转化成铝硅酸盐而排出体外。所以我们今天用白菜叶做白菜汤。虽然做法简单又普通，味道却是非常鲜美。

原料　白菜叶
　　　　姜

做法

白菜叶洗净撕成小块，砂锅里加入清水和两三片姜。烧开后放入白菜叶，再次烧开后煮两三分钟，放点盐、胡椒粉和香油就行了。这是最基本的做法，还可以根据自己的喜好加些粉丝、豆腐。

香菇白菜羹

原料　白菜、干香菇
　　　　胡萝卜

做法

1. 干香菇用温水泡发洗净，换一次水，后一次泡香菇水留用。

2. 白菜、香菇和胡萝卜都洗净切丝。炒锅烧热放油，先炒香菇，再炒胡萝卜，最后下白菜丝翻炒。

3. 等白菜炒软后放适量盐、酱油，加开水没过菜，再倒入香菇水，略煮。

4. 最后放少许胡椒粉、香油，水淀粉勾芡，关火后淋入醋即可。

四红暖汤

我在一本美食杂志上看到了补血养颜的
"四红暖汤"，实在值得一喝啊。所需材料
都好找，吃起来口感非常棒，红豆面面的，
花生香香的，枣子甜甜的，汤浓浓的，太好
吃了，强烈建议大家都来试一试。

原料　红小豆、红枣
　　　　花生米、红糖

做法

早晨上班前把红小豆和花生米洗干净用
清水泡上，晚上回来后豆子已经泡大了。
把泡豆子和花生的水倒掉，换上干净的
水先煮红小豆和花生，不到一小时豆子
就能煮开花。最后加入红枣和红糖略煮
一会儿就行了。

滋补甜汤

一个同事年前出差了一段时间，回来发
现我皮肤白了很多。哈哈，这都是果蔬汁的
功劳啊。当然，光白还不行，白里透红才是
健康的脸色。革命尚未成功，笨鸟仍需努力。

很多体质虚弱的朋友担心喝果汁过于寒
凉，那么可以在晚上适当喝一些有滋补作用
的汤水。

原料　红枣、桂圆、莲子
　　　　枸杞、百合

做法

慢火煮一小时。有时间的时候煮上一大
锅，每天喝一碗，但是体热的人喝了可
能会上火，自己试着调整吧。

素汤 · 155

红糖姜枣茶

冬日午后，太阳正暖，晒得人浑身懒洋洋的。放松一下，听听音乐，再来一杯红糖姜枣茶。说是茶，其实里面并没有茶叶，只是红糖、红枣、姜，一起煮。补血又暖胃，体质虚寒的朋友不妨多喝一些。

五谷豆浆

早就想买豆浆机了，可是家里已经有了两个榨汁机和一个搅拌机，都快没地儿放了，怕买回来利用率不高又闲置，所以一直犹豫着。正好公司发了家乐福的购物卡，别的也没什么可买的，就搬了个全自动豆浆机回来，有做五谷豆浆的功能，挺好的，这几天每天都在用。

这次用的是黄豆、花生、红枣、芝麻、亚麻子，还可以加黑豆、绿豆、小米、薏米等等随意搭配。

鸟语：专家们总是建议人们每周吃两次深海鱼，理由是深海鱼中含有丰富的OMEGA 3脂肪酸，OMEGA 3脂肪酸可以稀释血液、预防心脏病、对抗炎症尤其是风湿性关节炎、抗癌等等，总之是对健康十分有益。对我们素食者来说，补充OMEGA 3脂肪酸的最佳途径就是亚麻子（Flax seeds）。其实不仅是素食者，鉴于目前海洋污染严重的情况，非素食者从亚麻子中补充OMEGA 3脂肪酸也比深海鱼类更安全可靠。亚麻子的最佳食用方法是磨碎后再吃，否则会消化不了。可以撒在沙拉里或粥、饭里，每天一两汤勺的量用于保健就够了。

金丝柚苹果汁

　　一直以来网上流传着黄瓜和西红柿不能一起吃的说法，还有，胡萝卜中也含有 VC 分解酶，所以最好单独吃。但我对这个说法总是不太相信，因为黄瓜、胡萝卜本身也含有 VC，它怎么会自己把自己分解掉呢？所以我总是坚持把胡萝卜汁和苹果汁混在一起喝，能使苹果汁氧化得慢些。看了电视里《生活实验室》专业人士做的实验，用"中和滴定法"分别检测黄瓜汁、西红柿汁和黄瓜西红柿混合汁中 VC 的含量，结果是西红柿汁中的 VC 含量高，黄瓜汁中的 VC 含量低，两者混合后，VC 的含量降低到和黄瓜汁的 VC 含量差不多，这说明西红柿汁中的 VC 确实被分解了。专家还说了，平常吃凉拌菜的时候，西红柿和黄瓜还是可以拌在一起的，只要分别送进嘴里就行，因为强酸性的胃液会马上破坏黄瓜中的氧化酶，所以就不会分解 VC 了。

　　从那以后我就先榨两根胡萝卜，加点热水喝掉，再榨苹果汁。苹果汁要想抗氧化，可以加入柚子汁或者橘子汁、西红柿汁、猕猴桃汁等。柚子汁单独喝很酸，和苹果汁混合后就好喝多了。

雪莲果汁

　　以前曾看过一位南方汁友的喝汁日记，里面常常提到一种叫作雪莲果的水果，汁友对这种水果是赞不绝口，可惜我一直没见过，更别说吃了。前几天偶然发现家门口的超市里新上了雪莲果，还以为是红薯呢。买几个回去尝尝，直接吃味道一般，但是榨成汁后的味道就大不一样了，清凉甘甜爽口，像甘蔗汁，超赞！雪莲果中含有丰富的纤维素，有很强的排毒能力，便秘的同学可以多喝些。

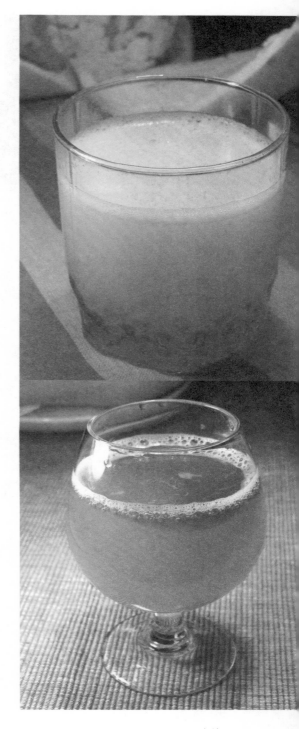

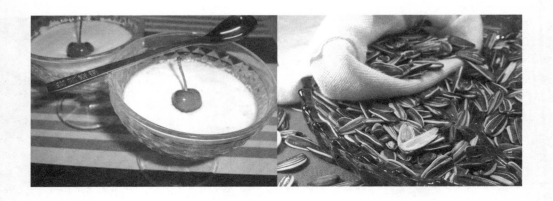

神奇的姜汁撞奶

当姜汁遇见牛奶会怎样？看看这张照片，不可思议吧？牛奶撞上姜汁，居然会凝固成乳酪状，谁能告诉我这是什么道理？

原料　全脂鲜牛奶
　　　　鲜姜
　　　　比例大概是 5 片姜配 200 毫升牛奶

做法

1. 5 大片鲜姜榨成汁。我是用压蒜器挤的，如果用榨汁机出汁量应该会高些。

2. 200 毫升牛奶煮沸后晾到 70~80℃左右，尝一下，不烫嘴就差不多了。

3. 把晾好的牛奶倒入装有姜汁的杯中，略搅一下，常温下静置 15 分钟就能凝固了。

4. 浇上一勺枫叶糖浆或蜂蜜，像豆花一样嫩嫩的。

五香葵花子

又到了满街糖炒栗子、转炉瓜子飘香的时候了，转炉瓜子虽然香，但吃多了会上火，手指也是黑黑的，尝尝这煮出来的不上火不脏手的瓜子吧，绝对比外面买来的好吃。

原料　生葵花子 1 斤
　　　　五香粉 2 大勺
　　　　八角 4 粒

做法

1. 生葵花子洗净，加水，加入所有调料，开锅后煮半小时。

2. 瓜子煮好后捞出，沥干水装进纱布袋（纱布袋是用笼屉布缝的，缝了两个），再把袋口缝死，平铺在暖气片上（南方没有暖气的同学我就没有办法了）。经常翻翻面，大概要五六天，等里面的瓜子仁也彻底烘干时就能吃了。想想小时候等着瓜子烘干的那几天可真是漫长啊。

田园风光

　　一看到绿色和黄色的搭配，脑子里就会想到"田园"这个词，所以就胡乱起了这个名字，其实就是芥兰玉米炒山药，清清爽爽，口味清淡的朋友一定会喜欢的。

原料　芥兰、山药
　　　　速冻甜玉米粒

做法

1. 芥兰斜切成片，山药去皮切成丁，玉米粒自然解冻。

2. 所有材料放入油锅中快速翻炒1分钟，加点盐起锅。

🐦鸟语：新鲜山药的黏液可能会使人手痒，把手放在火上烤一会儿就好了，因为致痒物质遇热分解。

鸿运当头

年关将近，素友们都有些许躁动，这不，有同学就提出个建议："快过年了，能不能教我们做几道招待客人的菜，让那些吃肉的人看了也欢蹦乱跳的。"刚看到这条留言，不禁三九天里冒出一滴冷汗。想想笨鸟和土豆泥乱七八糟的独门菜谱别把客人都给吓跑了就算谢天谢地，还能让人欢蹦乱跳？哈哈。

还好，土豆泥前些天碰到个江湖高人，遂口耳密传一凉菜，正好现在派上用场。

原料　大红甜椒 2 只、茄子 1 根
　　　　红色小米椒几只
　　　　花椒数粒

做法

1. 茄子去皮切成条，放蒸锅里蒸熟后摆盘。

2. 大红甜椒切开掏空并片掉表皮，只剩厚厚的肉，红色小米椒去蒂掏空，然后将两者用刀在案板上剁茸。

3. 用橄榄油把花椒炸出香味后扔掉花椒粒，下剁好的椒茸翻炒，放适量的盐、生抽，盖在蒸好的茄子上，淋少许香油即可。

金玉满堂

上次买的咖喱一直没用完，所以又做了这个豆花香菇豌豆咖喱煲。其实土豆泥是做了一大锅，照片上的量还不到三分之一，但一顿就被大家一扫而光。就连特别热衷咖喱牛肉、咖喱鸡的客人也赞不绝口，可见这个菜还是很受群众欢迎的。而咖喱豆花可是土豆泥灵感一现的原创哦。

原料　内酯豆腐（豆花）、鲜香菇
　　　　豌豆、咖喱

做法

1. 准备很嫩的那种盒装豆腐一盒，名称叫内酯豆腐或苏发豆腐，各地叫法不一样。

2. 豌豆在沸水里煮熟，捞起沥干水分待用；咖喱块溶在一小碗热水里。

3. 新鲜香菇在沸水里煮 3 分钟，捞起控干水分，切片，加点姜，在油锅里煸炒出香味。

4. 加入适量水煮沸，下嫩豆花，用锅铲把豆花分成块，加豌豆，加咖喱水适量（根据自己口味）、盐适量。

5. 用筷子不停地缓慢搅动，直到汤变得浓稠起锅。

年年高升

现在最流行的是韩式辣年糕，但韩式辣椒酱是有放蒜的，而且那个红色也多少有点令人疑惑，所以咱们还是过中国年吃中式辣年糕吧。

原料 大白菜、宁式火锅年糕、香菜
红糖、淀粉、自制辣椒酱（买的也行，比如豆瓣酱之类的）

做法

1. 辣椒酱先下油锅翻炒一下。下白菜和年糕、红糖一起翻炒 30 秒。

2. 加小半碗水把年糕煮上 2 分钟左右就差不多又软又糯了，这一步最好尝一下，看看需不需要再加点盐。还有水量自己掌握，喜欢汤多一点的就多加点水。

3. 最后勾点薄芡（也可省略），放香菜拌匀起锅，一碗鲜香微辣的中国炒年糕就诞生了。

🌸豆叮：关于年夜饭的配置，土豆泥提议只吃凉拌鱼腥草，结果遭到众人一致的坚决否决（果不出预料）。土豆泥的奶奶早早就把香肠、腊肉样样都准备齐了，说"这才像过年"。哈哈~不过那天饭桌上奶奶的筷子伸向咖喱豆花的次数明显多于香肠腊肉，估计年夜饭桌上也应该是这个状况，这不就 OK 了吗~

酸辣卷心菜

过年期间大鱼大肉多了，其实人们还比一年之中的其他时候都想来点素的，这个节骨眼儿上就看你拿不拿得出一两手绝活了。

炒卷心菜是最平常不过的家常菜了，无非炝炒、糖醋、清炒。这道酸辣卷心菜的与众不同是用剁椒（辣椒酱）加番茄沙司炒的，土豆泥个人感觉比传统的做法都口感丰富，而且卷心菜本身的甘甜生脆一点都不会被掩盖。

原料 卷心菜、辣椒酱
番茄沙司

做法

1. 卷心菜洗净后用手撕成巴掌大小（再稍微小一点也行，但不能太小），沥干水待用。

2. 锅里放油，紧接着放适量分量相同的辣椒酱和番茄沙司，用锅铲和匀。

3. 下卷心菜快速翻炒，根据自己的口味看是否再需要加点盐和醋，达到自己喜欢的生熟程度后起锅即可。

珍珠豆腐丸

　　俗话说：二十三，糖瓜粘；二十四，扫房子；二十五，炸豆腐。今天是腊月二十五，咱就上个豆腐菜，不过不是炸的，而是蒸的。

原料　老豆腐、胡萝卜、冬笋
　　　　香菇、长糯米

做法

1. 长糯米洗净，用清水泡 2 小时。

2. 老豆腐半块，用刀背压成豆腐泥。

3. 冬笋一小段先用开水煮熟，切碎，香菇和胡萝卜也都切碎，用油炒熟，晾凉，加到豆腐泥中，再加少许盐、胡椒粉、两大勺淀粉拌匀。

4. 拌好的豆腐泥捏成球，滚上泡好的糯米。

5. 蒸锅里垫上防粘的烹调纸，放入珍珠豆腐丸，大火蒸 10 分钟（开锅以后计时）即可。

🐦鸟语：烹调纸的防粘效果非常好，如果没有也可以用淋湿的笼屉布，或者在笼屉上抹点油，或者在豆腐丸下面垫一片胡萝卜。

三鲜菇塔

　　笨鸟平常做菜一贯是怎么简单怎么来，怎么省事怎么做，这回要上年夜菜了，可不敢大意，回家就狂翻菜谱，终于找到一个看着还不错的。尽管已经被我省略掉一个步骤了，做起来还是觉得麻烦，幸亏年夜饭一年就吃一次。这道菜麻烦就麻烦在用到的原料种类多，但每种只用一点点，专门为做这个菜买原料很不值得，但是过年时家里一定会准备很多菜，做别的菜时剩下的边角料就够咱用的了。

原料　干香菇8朵、中等大小的土豆半个
　　　　胡萝卜少许、芹菜少许

做法

1. 干香菇用温水泡发洗净去蒂，其中的两个切碎，胡萝卜和芹菜也切成细末。

2. 土豆削去皮切成丁，上屉蒸10分钟，趁热压成土豆泥，加入切碎的香菇、胡萝卜、芹菜，再加少许盐、胡椒粉拌匀。

3. 香菇上先撒些淀粉，再填入拌好的土豆泥，大火再蒸10分钟（水开后计时）。

4. 再用半杯清水加一点酱油、香油、水淀粉勾芡，淋在香菇塔上即可。

系列爽口小菜

前面给家人朋友做了这么多的美味佳肴，恐怕有点腻，也该来点简单的爽口小菜了。

剁椒莴笋

原料 莴笋
小米椒

做法
笋切条，用小米椒、盐腌 2 小时，再拌点白醋、香油即可。

🐷 豆可：剁椒胡萝卜、剁椒双花（西兰花、白花菜）做法同上，一样的清爽可口。

五香芸豆

原料 芸豆
五香粉

做法
大白芸豆清水浸泡 8 小时，加五香粉和盐煮二十几分钟即可。

老醋花生

原料 花生米、香菜
镇江香醋

做法
热锅凉油，放入小花生米翻炒，听到啪啪声，有香味飘出就炸熟了，晾凉后倒入镇江香醋或陈醋，拌入香菜即可。

什锦蘑菇汤

　　无汤不成席，年夜饭上怎么少得了汤呢。笨鸟从没在冬天的时候去过南方，听家在南京的同事说，那里的冬季阴冷潮湿，每年春节回家时都能看到很多人手上长冻疮，笨鸟就给南方的同学们送上一碗暖暖的什锦蘑菇汤吧。蘑菇的品种有很多很多，随便买上几种，洗干净，先用油盐姜片略炒，再移入砂锅添满开水，小火煮上1小时，一锅鲜美的菌菇汤就做好啦。

玉米菜饺

　　过年吃饺子，但素饺子总感觉有点千篇一律，无非芹菜、香菇、胡萝卜、大白菜什么的汇集一起，特色少了点。今天土豆泥给大家来点另类的饺子馅儿，好不好吃只有自己做了才知道哦。

原料　甜玉米粒、松子仁
　　　　豆苗

做法

1. 甜玉米粒煮熟，切碎；松子仁用刀身压碎；豆苗切成小段。

2. 把所有原料混合，加适量的油、盐调匀即可。

3. 然后烫面、饧面、包饺子，估计北方的同学都是这方面高手哈。包饺子的同时，把蒸锅的蒸格上抹上油，等水烧开后放上饺子蒸20分钟左右。

4. 蒸好后盛盘，用点香醋做调料。

水晶福包

喜庆吉祥的水晶福包，名字是我自己起的，因馅料里用到了豆腐，所以取了"福"的谐音。

原料 澄粉（小麦淀粉）、土豆淀粉
　　　　胡萝卜、冻豆腐、粉丝（或魔芋）

做法

1. 胡萝卜用擦板擦成细丝，用一点油炒熟，冻豆腐化开切成小丁，粉丝煮软后迅速冲凉，剁碎，所有的材料拌在一起，加盐、香油。

2. 将100克澄粉和30克土豆淀粉混合在一起，倒入200毫升沸水，边倒水边搅拌，尽量不要有干粉，盖上盖子焖5分钟。澄粉、淀粉、沸水的比例很重要，如果没有克秤也可以用杯子量。

3. 加入两勺植物油，趁热揉成面团，用保鲜膜包上防止变干，随用随取。

4. 把馅料包入，蒸锅烧开后大火蒸5分钟就熟了。

🐦鸟语：最好一次吃完，放时间长了会变干变硬，所以一次不要做太多，吃不完的要用保鲜膜包起来保存，下次吃的时候再蒸一下。

黑芝麻汤圆

现在外面卖的汤圆心大多数都是用猪油的，想吃净素汤圆的同学可以按我的方法试一试。过年吃碗汤圆，团团圆圆。

原料 汤圆粉（糯米粉）、熟黑芝麻
蜂蜜、熟面粉（干面粉用微波炉加
热一两分钟，即成熟面粉）

做法

1. 用搅拌机的干磨杯把炒熟的黑芝麻打碎。这一步的结果挺让我意外的，本来我以为能打成芝麻粉，结果打完就成了芝麻酱。哈哈，以后想吃芝麻酱也可以自己做啦。

2. 加蜂蜜拌匀，这时的酱比较稀，不好包，再加入适量熟面粉，使芝麻馅不粘手即可，然后捏成一个个小球。

3. 最后按照常规方法包成汤圆煮熟就行了。自己做的黑芝麻馅货真价实，就是香啊。

美味香串串

这个菜上了之后一定会有同学说油炸食品不健康，没错，尤其是淀粉类食物经油炸后就更不好了。可是过年了，总得做点和平常不一样的菜啊，就让我腐败一次吧。

原料　猴头菇

做法

1. 干淀粉加水、盐、胡椒，调成淀粉糊。
2. 猴头菇煮熟，切成小块，在淀粉糊里沾一下，摆到盘子里，腌30分钟。
3. 在油锅里炸成金黄色，用厨房纸吸油，串起来，撒上孜然和辣椒粉。

🐦鸟语：新炸出来的吃着是外焦里嫩，如果吃不完，放一天变干了再吃又是另一种口味，都好吃。

素食店经营者如是说

素食人生与素食的利益

作者：宋渊博

宋渊博先生是上海枣子树净素餐厅老板。本文是其在上海复旦大学的一次演讲。

今天又一次来到复旦，请允许我待会儿讲的内容更多地涉及素食人生，因为我自己对这个问题比较感兴趣。素食的利益问题应该找医生和营养师。我本身是素食者，也可以来讲这个内容，但由于我本身是经营素食的，所以担心会说得不够客观，因此我要少讲一些素食的利益，多讲一些素食人生的内容。

这里很多大四的学生，面临毕业就业问题，有的会去外企，会有不一样的人生。我呢，大学学习物理，后来从事房地产业，在从事了8年的房地产生意之后，由于母亲身患癌症而开始吃素。但是母亲过世之后，我就开了自己的素食餐厅，以素食为自己的事业。这样的人生是我原先想都无法想象的，素食改变了我的人生。今天的讲座，我要谈谈我自己的人生，也希望自己的人生能带给你们一点火花。

小时候我最怕死，一有丧事就会睡不着。可是在上海，我还帮人助殓，帮人洗身体。除了枣子树，我平时最常去的地方就是殡仪馆。因为母亲死之前，得到了许多人的帮忙，所以我也会去帮助别人。我们枣子树的员工任何时候都可以帮人去助殓，24小时没有间断。我投资的不是枣子树，而是人生。我自己对人生比较感兴趣，而且现在也在计划着走完四大名山：普陀、峨眉、九华、五台。我从上海出发，用徒步的方式在12天内走完了普陀山。400公里，每天40公里。我也去了九华山，接下来还要徒步走峨眉山，计划花3个月。希望在此之后再与各位分享心得。

现在讲讲我的素食店。枣子树的经营没有任何秘密、没有任何版权，与其他的餐厅不同，枣子树的经营没有商业机密，所有的食物的加工制作完全是对外开放的。每年枣子树都会免费培训其他素食店的员工，现在已经培训过50个素菜馆的员工，他们学习的人数、学习的时间各不相同。这些来自其他素食店的员工不但能够完全了解枣子树卖的素食的制作过程、人事规章，还可以用摄像机摄录，我们所有的人事资料都用光盘复制给他们——没有其他的企业会这样经营。这就是枣子树独一无二的企业文化之一。大家知道瑞士制药公司生产了治疗禽流感的有效药"达菲"，但是他们不愿意公布配方，他们认为没有竞争就没有进步。但是这样就没有办法让更多人受益。

一般的公司经营有一定的伦理，就是顺序：把股东或者股民放在第一位。但是枣子树的经营一直以服务社会大众为最高的宗旨，而后是顾客，是品牌精神，是员工，然后是股东。枣子树十分关心员工，就从这一件小事中就可略见一二：枣子树的牙签全部是用玉米淀粉做成的，这是因为木制的牙签由于很尖一直弄伤洗碗阿姨的手，但就是这样看似简单的改变，却要花去两倍的成本。另外枣子树还保证每一位员工的休息时间，每周休息两天，每天工作 8 小时。这是完全合法的。就是这一点一滴的关怀使今天的枣子树就如同一个大家庭一般的和睦而融洽。

大家都希望去天堂，不想去地狱。但是怎么知道自己死后会活在天堂？我们当下就要生活在天堂！如何生活在天堂呢？举一个例子：有一群人很饿，抬进来一大锅面，但是只有一个仅 2 米长的筷子，只有相互帮忙夹给对方吃才能吃到。同样的人可以活得完全不一样，这与素食很有关系。

我原先是学物理的，举个物理的例子。就像电路中的电流一样，像物理中的光谱、声波一样，看不到的不代表不存在。我们应该抱着更宽广的心胸看科学。最近，美国人造卫星撞彗星，这恐怕预示着星际大战的开始。在座的各位学生都知道要努力读书，各自对读书的想法不一样。你们被教育说：读书能拥有幸福、美满、快乐、平安、舒适、长寿的人生，可是这个答案错了。有钱以后，人的围墙就越筑越高、保镖越来越多。这就与住在提篮桥里一样。害怕失去拥有的财富，生活得很可怜。人生前 50 岁赚钱，后 25 岁保护钱——有些人保护金山、银山，而我保护我的"家徒四壁"。有些人拼命赚钱而自己最后的人生却在病房里度过。人生从 0～10 万是最宝贵，是从没有到有的过程。今天我们赚得够用就好，我们要尝试过简单的生活。现在呢，大家实际上都在苦中作乐，所有的快乐都是短暂的、不真实的，是建立在痛苦之上的。我们要思考什么是快乐的、真实的，要找出人生的真相。

今天大家有缘来到这里，从宇宙来看，我们像一个个细胞一样，因而无须争什么、夺什么。有句话：我为谁贪嗔。现在我们要思考未来。我去殡仪馆是在"观死亡"。当下，我们要珍惜重要的东西，思考我们要的是什么。

吃素食不仅只是培养一种饮食习惯，更是培养一种素食的人生观。快乐不是因为拥有的多，而是因为计较的少。人生如果一味地追求权力与金钱，那么带给自己更多的将是对失去自己拥有一切的恐惧与担忧，这样的人生是不会快乐的。不去争夺所谓的东西，不去计较所谓的东西，过简单的生活。我们需要的是在人生的历练中学会许多东西。从微系来说，人与人之间随着电子的交换变得我中有你，你中有我。更何况人们就是地球乃至宇宙中的一粒粒沙子，争名夺利对于我们来说是这样的无谓。我们要做的是知道自己要的到底是什么，对我们来说最重要的东西，并且珍惜当下的所有。对于我们这些大学生来说，更需要考虑我们将来的路该怎么走。我们每个人都希望自己死后能进入天堂，但为何不在当下就让自己生活在天堂？我们每个人也都希望自己的生活幸福、美满、快乐、平安、舒适、长寿，可有时这些愿望就在我们不断追求名利的过程中变得无法实现了，素食所要带给人们的就是让人们在忙碌的生活中不要忘了自己的这些愿望，并且学会为别人着想。

开素食餐馆的时候，我就思考自己要的是什么。钱不能留给子孙和自己，关键要学会使用钱。说到"捐钱"，台湾的一位作家给我一句话：赚了钱丢都来不及。如果有了人生的大目标，就很不同了——我知道我的人生要的是什么。走出了校园的你们的人生，开始有了一个 0。开始赚钱、有房子、有孩子、有车子，如果有品位了，0 就会不断增加。但前面没有 1 就没有意义，而 1 的意义对于每个人都不同，但很重要。要用心经营人生！

除了给人精神上的感悟外，素食能真真实实地带给人们许多益处。现在素食业还有许多未被开发的空间，并渐渐成为时尚。我一直认为"行善要及时"。要长寿的话，最好的运动是走路、注意饮食；同时冥想——想好的东西，也很有帮助。而吃素的好处，有人说是减肥，其实可以使"瘦者变胖，胖者变瘦"。我的女儿以前贫血，吃素以后就渐渐好了起来。吃素还可以清理肠胃，有美容功效，所以我的餐馆大多来的是白领女性。

目前市场上的肉类食品不新鲜，人们体内的抗生素很多，免疫力下降，这个不是没有原因的。从地球环境的角度来说，产生 1 磅的肉需要 5 平方米的热带森林，而这 5 平方米的森林可以产生 500 磅人类呼吸所需要的氧气，而随着人们对热带森林的不断砍伐，全球的沙尘暴次数越来越多，沙漠化越来越严重。而另一方面，大量牲畜的饲养所产生的大量粪便所产生的甲烷气体也在污染空气，使全球的温室化效应不断加强，全球的海平面不断升高。一头猪要产生 4 到 6 个人产生的废水，这样会产生大量的废水，大量家畜、家禽的饲养也消耗了大量的肥料、饲料，污染了环境也产生了废水，而素食的推广将大大缓解这一形势。

从人类生存的角度来说，据联合国统计，每年约有1400万人死于贫穷，这一部分是因为每年全球的牲畜会消耗甚至多于人类所消耗的粮食，这也加重了环境的污染。而全球只要有10%的素食人口，整个世界的饥饿状况就将得到缓解，但现在全球的素食人口还不多，它的推广程度还有待开发。

从发挥人道主义的角度来说，吃素可以发扬人及己及的精神，可以使更多人学会关怀他人，我就经常去买动物然后放生。素食可以培养人们对动物的爱护，而这种对动物的爱护可以培养人们的爱心，无论是对动物，还是对认识或是不认识的人，都有助于国家的和谐与世界的和平。

从我们自身的角度来说，现在的人们由于肉的摄入过多，许多都患有所谓的富贵病，比如肉食者产生的尿酸是素食者的3倍，这样肾脏就会被伤害，而年轻时还可以消化的量到了老年就无法消化了。在美国的调查表明，素食者90%~97%可以避免生心脏病。而素食也可以防癌，肉食者的消化系统中会产生癌物质。吃素也可以延缓衰老，素食的营养可以到达皮肤的末端，可以使氧化速度变慢。而素食中的水果含有大量的维生素，可以补充营养。并且吃素可以清理人的肠胃，这样可以很好地预防生病，素食者的肠道会变得很干净。

另外人们有一个很普遍的误解，认为素食会引起贫血。但其实植物中含铁的量远远多于动物，而且植物中含钙、含蛋白质的量也远远多于动物，胆固醇远远少于动物。

素食对于我们的利益也许远远多于这些，还有许多值得我们去探询。

很多时候，我们要自己思考。邓小平不是说过：实践是检验真理的唯一标准。毛泽东也讲过：星星之火，可以燎原。在将来，我一个人可以改变10.7亿人。很多人因为看到而相信，一部分人因为相信而看到，还有一部分人看到了也不相信；有的先知先觉、有的后知后觉、有的不知不觉……

我若推荐你们买事业顺利险、幸福美满险、健康长寿险、终身平安险、养儿防老险、泽被子孙险，而你们就是老板，你们会犹豫吗？慢慢地积累，认真地经营我们的人生，就像企业经营有水库哲学，我们的经营也要有"水库哲学"。

现在，让我们抱着"舍我其谁"的精神，在年底之前改变自己，使自己逐渐成为有利于大家的精神力量。

素友如是说

生命之花因素食而绽放

作者：温馨雨莲

博客：http://blog.sina.com.cn/wenxinyulian

疾病的痛苦

好像自从我记事时起，就记得我和医院、和药有着千丝万缕的联系。说不清楚自己都曾有过什么病了，也数不清吃过多少类型的药了，总之医院是我经常光顾的地方。但凡什么流感、疫情等等，似乎我不亲身体验一下不会罢休。妈妈说小时候的我几乎所有的节日都是在医院度过，什么新年、春节、五一、十一……如果我不去拜访一下医院，那怎么能算我来这世界一回。

这些还不算什么。来上海读书的第二个月，我的身体开始出现了严重问题。去医院检查，被定为××××症，在医生中的行话就是"良性癌症"。呵呵，或许您觉得这词好笑，癌症就是癌症，都是恶性的，哪有什么良性的说法。后来明白，其实就是病变细胞与癌细胞均有会扩散的相同共性，只是良性的不会死人而已，病却是永远伴随一生且逐渐加重的，没有什么办法可以治愈。病症确定下来了，接下来的日子可想而知，每个月的我都要受着疾病的严峻考验。病情发作的时候吃多个止痛片都止不住痛，翻身不得、下地不能，同时伴随发烧闹肚子。每每这个时候，我只能一个人躺在宿舍里，眼睛盯着天花板发呆，祈求时间快快过去。与此同时，每两个月就要排着长长的队伍挂号复查。看到医院里人山人海、医生们忙碌紧张的工作，我心如刀割，为什么人类在科技如此快速发展的现代社会面前却更加无法战胜自己。非典盛行时，学校每天都要求学生测量体温，并且上报。巧的是，那段期间赶上病发，高烧，被学校隔离起来观察，而且不许吃止痛片，原因是止痛片有退烧作用，无法观察病情。那时候的我，被安排在学校专门腾出来的宿舍里，一个人一个房间。还算幸福的是，会每天有人送饭到宿舍，一日三餐不用发愁。即便这样，您也能想象得出半个月被困在一个屋子里不能出房间半步，对于一个

学生将是一种什么滋味。我渴望自由，渴望在蓝天下去接触大自然，渴望和同学们一样体验着丰富多彩的学习生活。

从隔离室出来，我的病情出现严重恶化。或许是做学生的习惯，我在网上搜了所有每次化验的血指标参数，看了大量的有关病情的研究论文，我知道我的病严重了，血指标越来越接近恶性癌症的参考值。心里顿时紧张起来，烦恼油然而生。由于病情的恶化，我两个月内两次住了院，做了大手术，休了学。那段日子的痛苦是难以用语言描述清楚的，但每当我看到妈妈的眼泪和悲伤的眼神，我的第一反应就是丝毫不能在她面前表现出我内心深处的痛。每每这个时候，我都会忘记我的痛，微笑地劝她不要难过，然后把注意力引向其他能令她开心的事情。还记得手术的当天，医生说麻药时间仅能维持十几个小时，半夜疼得厉害时，可以叫醒医生打一针止痛针。然而当我感受到刀口疼痛的时候妈妈已进入梦乡，我怎能忍心叫醒她。就这样，我望着天花板整整疼了一夜。令我欣慰的是，即使我多么痛苦，在妈妈面前我都没有掉过一滴眼泪。我知道，越是在这个时候越要表现得坚强，我不能倒下！

在肉体承受痛苦煎熬的同时，我体验到了灵魂不朽的力量！

与素食相约

或许是太多的痛楚和烦恼接踵而来，让我身心疲惫，我很渴望也努力找寻着这其中的原因。2004年的冬天，在网上查找资料时，偶然间发现了一篇素食的帖子，没有多少文字，却刹那间把我带到了另一个世界。我忽然间明白了我所有的烦恼从何而来，忽然间清楚了从小到大所犯的错误根源——饮食的错误。为了能证实自己的新认识是正确有道理的，我开始在网上搜索所有与饮食有关的信息，大到宇宙天文，小到每个蔬果的营养；前到历史文化，后到现代医学；多到几乎每个研究论文每个可能的搜索词都不放过，少到甚至忘记了睡眠。经过一周的新知识的扩充，我做出了一生中最重要的决定——素食至永远。

刚刚开始的素食的确是要经受一番考验的，清晰记得第一周素食最大的变化是皮肤。一直以来脸上的青春痘是最令我头痛的事情，在吃素的第一周时，中间有几天脸上鼓出了好多又大又硬的包，有点可怕。然而继续坚持到一周时，脸上所有的痘痘都神奇般地不见了，这无疑为我的素食观增添了很大的信心。

许多朋友知道我开始素食后很惊讶，要知道以前我每天离了肉是无法生活的。他们立刻就把我与出家的和尚联系在一起，开始试图"教导"我回心

转意。有的朋友找来了教哲学的教授给我上课，有的找来了医学博士找我谈心，甚至还有心理咨询师来给我辅导。哈哈，很搞笑吧？他们企图从理论上把我拉回到"正常"饮食的行列。当然最终还是没有说服我，反倒每次都会被我拉到素餐馆去体验一番素食的风采。

素食后也曾考虑为了学习，为了营养，是不是应该偶尔增加些肉类的摄取。可是当我再面对那些荤菜时，却已经难以下咽，即便是真正吃下后也没有美味的感觉，反而第二天会肚子疼痛。这样的情形试过两次，屡屡这样，超级不爽，从此放弃。

3个月素食后的我基本算是稳定了，身体和思想不再有太大的波动。坚持到半年后，我不再能接触肉类了，甚至菜里面放了含有肉类的东西我都能吃出来。这时候越发感觉到自己身体上的轻盈，以前曾经的痛苦和烦恼也逐渐消失了。所有见过我的人都惊讶于我的变化，青春痘不见了，皮肤过敏没有了，精神焕发了，被医生诊断的所谓什么癌症之类也缓解了，最明显的变化是病发时不再疼痛难忍，不需再吃止痛片维持，这太令我振奋了。眼看着我生病时逐渐能够从床上站起来，能够走出房间，甚至能够像正常人一样地生活了，家里人都很吃惊，再也不为我会营养不够而担心了！现在的我每天都神采奕奕，似乎有用不尽的力量。

我终于也能和同学们一样，品味着多姿多彩的学习生活了！

绽放生命之花

吃素后身体变化如此之大，这开始让我思考为什么"病从口入"这么简单的道理居然困惑了我30年。读了这么多年的书居然连最基本的道理都没有学到，我们的教育在做什么？我们人类又在做什么？且看看这些年吧，地球气候变化无常、地球生态严重失衡、非典、禽流感、口蹄疫、疯牛病，难道这些还不应该引起我们人类的重视，不值得我们人类反思吗？改变我们命运的还得靠我们人类自己，社会的和谐气氛还需要我们自己来努力创造！

反思的结果让我的思路越发地清晰，作为一个学子，中华民族的儿女，我不能再眼看着周围的朋友生病而无动于衷。饮食与疾病息息相关，是疾病来源中很重要的因素。为了能让更多的人明白这一点，素食后我开始努力学习与饮食相关的各方面知识，包括营养、烹饪、民族文化、有机农业等等。要让更多的人早日明白这一点，改变生活方式，改变饮食习惯，早日远离疾病的痛苦。这是一份责任，我愿意承担起这份责任，路就在脚下。

素食到现在已经 3 年多，虽然不长，但这期间充实了很多饮食知识，因我而明白饮食与疾病密切相关之道理的朋友与日俱增。当我看到越来越多的人因为改变饮食习惯而战胜了疾病时，内心充满了喜悦，再没有任何烦恼与忧愁，快乐每天伴随着我。我终于找到了自己存在的价值，请让我的人生之旅与素食同行！

素食使我找回了原本的自我，生命之花在心中绽放！

素抢了荤的风头

作者：星星

博客：http://blog.sina.com.cn/whxbill

3年前，当我忐忑地告知婆婆我们开始吃素了，不再吃肉了，婆婆怒气冲天地吼道："你们会吃死掉的。"

我的婆婆是湖南人，很会烧菜，尤其荤菜烧得更是一级棒，红烧肉、粉蒸肉、腊肉、酱牛肉、红烧鱼、虾……饭后还要端上一锅热气腾腾的骨头汤或鸡汤，刚开始我觉得很油，喝不下，后来竟渐渐喝上了瘾。

我是打小就不爱吃肉的人，可自打吃了婆婆烧的荤菜，胃口大开，每每去婆婆家都是吃得满嘴流油，肉足饭饱后还要饭盒打包带回。瞧着我们吃得开心，赞不绝口，婆婆的脸乐得像绽开的花儿一样。

已被肉瘾勾起的我欲罢不能了，自己也开始钻研起烧荤菜，买回菜谱，在厨房里鼓捣起来。没过多久，厨艺突飞猛进，各种海鲜、牛、羊、猪、鸭、鸡肉花样翻新地出现在我家的餐桌上。

烤肉、火锅、湘菜、海鲜等餐馆也成为我的最爱，哪怕长队排起，烟熏火燎，我也毅然决然地选择留下来，耐心等候。简直到了无肉不食的境界，路边的羊肉串，超市门口的肉丸子，也会吸引住我停下脚步，间歇满足一下食肉的欲望。

我这样肆无忌惮地吃了一年后，体重增加了十几斤，对于我这个瘦子来说，可是不得了的事，这在我身上是从未有过的。

更可怕的是我的身体开始出现了不适，乏力。

恰巧此间，我父亲被查出患有糖尿病及高血压等各种疾病。我和先生便迫切地着手研究起健康饮食。

从《健康生活新开始》一书中得知，食肉会带给身体很大的危害。这个结论对于我来说是极不希望看到的，我才刚刚领略到了肉食的美妙，就要放弃，实在是心不甘情不愿。

然而，由不得我了，我脖子上的淋巴迅速肿大，遵医嘱吃消炎药，10天过去了，却未见有任何好转的迹象，且呈现出只增不减的趋势。那消炎药的威力也使得我的记忆力出现了空前的退化，一转身的事情忘得一干二净，人也变得萎靡不振。

我不得已又去了医院，医生毫不犹豫地告诉我：继续吃消炎药，没有其他办法。

从医院回来后，我们在吃消炎药与在《健康生活新开始》一书上了解到的"单一饮食"之间权衡后，先生坚定地说了一句：单一饮食。

"单一饮食"是只能吃生的水果和蔬菜，达到迅速排毒的效果。甭提吃肉啦，就连熟食都碰不得。可为了身体健康，我也只好痛定思痛，开始了蔬果生涯。

我几乎将精力全部转移到了脖子的肿大上，每天只要手闲下来便停留在脖子上，还不时地让家人检验是否有缩小。每当他们说小了，我的信心也跟着倍增。可这个包每次在缩小前都要先胀大，就像吹起又放气的气球一样反反复复经历数次的胀大缩小后，才几乎消失。之后，我的身体也像卸下了许多包袱一样的轻松，精力充沛，很想做些小时候玩的跳皮筋、跳绳类的运动。

我连续喝了21天的果菜汁，亲身体验到的妙处是不言而喻的。接下来的素食驾临也自然是义不容辞的。但对荤食的留恋我依然是难以释怀。

一日，婆婆那红烧鱼又让我垂涎三尺，我犹豫片刻，筷子还是对准那鱼肉中间最肥的部位夹了下去，细细咀嚼着，不对呀，这味道怎么变了，从前的香味怎么不见了踪影。

我又跑到湘菜馆点了几道从前喜欢吃的荤菜，可吃出的味道也发生了巨大的变化，没吃几口就胃口全无。

吃了变了味的荤菜后，在《素食主义》一书中又看到了动物被屠宰后惨不忍睹的画面，曾经餐桌上看起来一盘盘诱人的荤菜，在我眼中瞬间都变成了被肢解后的一块块动物尸体，不禁让人作呕。

荤菜在我心目中的地位是一落千丈，彻底瓦解了。取而代之的是青菜萝卜土豆等等的素菜，抢了荤菜的风头而独领风骚，且历经3年立于不败之地。

吃了3年素的我们，不但未像婆婆预言的"吃死掉"，反而活得更健康，素也吃得有滋有味。

我吃素食五部曲

作者：五盛缘

博客：http://blog.sina.com.cn/wusengyuan

曲一：祸兮福所倚

我原来可谓是个大荤美食家，频繁出入"大肥牛""小绵羊""一口猪""吃全狗"，常常是满嘴流油，酩酊大醉。逐渐地增膘长肉，横向发展。不足 1.7 米的个头，腰围 2.8 尺，体重 150 斤。疾病在暗中向我逼近，左右的人却还在奉承我"发福了"。

2001 年，企业破产，职工下岗，我的"福"也享到头了，生活出现了危机。在投亲来到上海的第二年，便大病发作，伴有"四高"的代谢综合征——糖尿病降临头上。

曲二：有病乱投医

我去瑞金医院看了专家门诊，专家为我开了药，开吃。隔半个月复查，增加了药量。再隔了半个月，又增加了一种药。我问医生："要吃多久？"医生回答说："病不好药不能断，这是终生病。"

"这辈子完了！"我想。并打算效仿别人出走，"哪里黄土不埋人呢"。人不该死总有救。这时，在女儿的关怀下，获得了救命的"哈维汁法"以及相关书籍，我又看到了康复的希望，消除了出走的想法。

曲三：淡食初见效

知识就是力量，科学属于真理。我慢慢地接受了书本知识，开始实践着女儿的"一停三限四淡"的餐饮计划。即："停药"和饮食"限时、限量、限制种类"以及"淡饭、淡荤、淡油、淡盐"。女儿列单，夫人执行，我屈从。

腹空和嘴馋是难免的。我常常要点花招。比方，吃水饺不许超过 20 个，我就把饺子皮做得又厚又大；吃瓜子只能抓一把，我就五指伸开，连抓带搂顶两把多……不管怎样，计划实施一个多月以后，血压、血糖都有下降的趋势。

曲四：彻底弃荤茹素

又过了一段时间，我开始冒险试用"哈维汁法"。因为医院专家一再叮嘱："水果要少吃，香蕉不要动，苹果只能吃半个。"可是，喝汁一天需要蔬果

10多斤！所以，天天使用血压计、血糖仪等手段跟踪检测。结果，令人越来越满意，越来越高兴，越来越放心。

"哈维汁法"拒绝红肉。开始，我接受不了。淡荤和使用"哈维汁法"，使我的体重减少了30多斤，感到身体轻飘飘，我出现了怀疑心理。于是，有时买鸡鱼肉回来做。可是，吃到嘴里，怎么也没有以前的那种香味了。因此，也吃不下以前那么多了。渐渐地，一口也不想吃了。因为，所闻到的尽是腥、膻、臊、臭的气味。这时，半年过去了，我发现自身完成了由荤食向素食的过渡。

曲五：福兮祸所伏

茹素一年以后，我不仅良好地控制住了病情，身体也没有出现种种并发症，反而感到舒服多了，力气大了。现在，我是五荤全戒，纯粹素食了。真是吃嘛嘛香，身体倍棒！原来，以前大荤加味素，统统一个味，给人造成了一种条件反射，吃别的感觉不出香来。而现在，吃到嘴里的都是自然的、纯真的香和美。食物各有各的原汁原味。

一场大病，改变了我的饮食习惯和生存观念，使我活得更健康幸福。真是福兮祸所伏。

我是素宝宝楼泰予风

博客：http://blog.sina.com.cn/u/1261910020

大家好！我叫楼泰予风，已经快两个月啦，我是一个素宝宝，所以有幸和大家在这里见面。虽然我还是个"小不点"，可我已经外出过很多次了。但凡大人们赞扬我后听说我是素宝宝时，总是瞪大了眼睛露出惊讶的表情，甚至怀疑我的营养会不够，经过妈妈和阿姨的解释，大人们有的会饶有兴趣，有的则将信将疑，也有的虽然在我身上找不出问题，仍然会固执地说"荤的还是要吃一点的"。所以我想应该来自我介绍一下，让大家对我有个全面的了解，你们说是吗？

我是妈妈的女儿

因为我的妈妈是个素食者，我才有机会成了素宝宝。我的妈妈是律师，据说还小有名气。她在10多年前就读完了硕士课程，所以妈妈是一位相信科学的人，但妈妈不迷信科学——因为大部分书上说动物蛋白很重要。妈妈出生时是早产儿，只有2.1千克(哈哈，比我差远了)，所以体质虚弱，有脑神经、心脏、肾等很多慢性病，加上工作繁忙，所以是有名的药罐子。4年多前，她在一位营养师的鼓励下开始了素食生涯，这位营养师告诉她："你只要每天吃3种以上蔬菜，保证矿物质、豆制品，保证蛋白质、水果，保证维生素。我就保证你的身体会好！"妈妈相信这位身为母亲的营养师不仅有理论还有很好的实践经验，因为150cm高的她和不到170 cm高的她的丈夫拥有一个身高172cm的儿子，并且当时她儿子刚读初一。

素食果然给妈妈带来意想不到的利益，原来靠药瓶和补品过日子的妈妈变得不需要上医院、也不吃补品了。据说在我没去过的老房子，还有妈妈吃剩的半罐蛋白粉。一年半载没见过妈妈的朋友惊讶于妈妈那憔悴黄黑的脸色变得红润白皙了。最神奇的是一向缺钙的妈妈在素食半年后的一次下山途中被绊，重重摔了两跤，第二次摔下后眼前一片漆黑，脚踝肿得比馒头还大，但查下来竟没有骨折，连医生都不敢相信，说："如果两周后还不退肿的话一定有骨裂，你再来查。"可到时去查还是什么都没有。当时妈妈自己认为吃素虽然对体质有益，但不一定对骨质有利。于是相信科学的妈妈开始查食物的营养成分表，发现其实蔬菜中如苋菜、油菜、海苔的钙含量高于牛奶、鸡蛋黄和海虾，而海带的钙含量则高于荤菜中含钙量最高的河虾。妈妈了解了更多的食物营养成分，于是妈妈成了坚定的素食者，从不因为任何美味佳肴的诱惑，朋友家人的规劝而出现过任何动摇。许多人目睹妈妈体质的变化都不再反对妈妈素食，但还是说"你以后怀小宝宝还是要吃点荤的，否则宝宝会营养不良的"。妈妈都置之一笑，因为妈妈相信科学数据是事实，而不迷信"动物蛋白是最有营养的"。

妈妈在怀我以前，曾做过一次全面的体检，体检医生惊诧于妈妈红细胞和白细胞的质量，说妈妈是她检查至今几乎没见过的红细胞活力如此之强的人，但妈妈告诉她在自己素食半年时所做的检查还是被诊断为红细胞质量较差，属亚健康状态，以至于这位医生都忍不住以赞叹的口气向其他体检者告知妈妈的情况。

我来到这个世界以前

妈妈发现有我的时候，离她去澳大利亚和马来西亚只有短短的几天时间，自信的妈妈仍然决定不改变出行计划，要知道那时妈妈已经快满 37 岁了，据说许多高龄准妈妈是连门都不敢出的。

妈妈在去悉尼歌剧院途中淋了一场大雨，后来靠体温焐干了衣服和丝袜，因此染上了严重的咳嗽。但为了我的健康，妈妈坚持没有吃任何药，硬是靠喝水和姜茶坚持了下来。妈妈在国外时非常辛苦，经常每晚睡三四个小时。为了节约时间和费用，跨国还坐整夜的航班，好在我很争气，没有给妈妈惹什么麻烦。到回国的飞机在北京降落后，和妈妈同去的一位阿姨说："我看你倒若无其事，可我到现在心中石头才算落地。"

回国后妈妈又很快投入工作，出庭、谈判、出差，甚至三个晚上中有两晚坐来回火车赶到山东去开庭，我终于不忍心看妈妈这么辛苦，给了妈妈点颜色看看，于是妈妈被迫在家休息。但是妈妈的"休息"可不是真正的休息，她天天起床后坐在沙发上打工作电话，修改或书写文书，同事上门来商议工作、签字，即使是闲暇时妈妈还帮我织了好几件漂亮的令人啧啧称道的小毛衣。

这样的日子过了近两个月，妈妈又开始活动了。妈妈是不出门则已，一出门就去了北京，因为要开一个仲裁庭。此后，妈妈又是一发不可收地去宁波爬山，去北京做评委，一直到我出生前的两周，妈妈还在开庭。

这些日子里，妈妈并没有改变素食，但妈妈看了国内外许多关于胎教、孕期营养的书籍，知道韩国著名神童的母亲也是素食者，在欧美有许多素食

的母亲，不少育儿书籍还特别为素食母亲提供指导。同时，妈妈还按照食物营养成分合理安排饮食，每周保证吃海带、紫菜、黑木耳一两次，每天吃黄瓜、胡萝卜、番茄、西兰花、青椒等蔬菜。在家中休息的那段时间，妈妈饮食的量和品种并不多，一位年长的名中医在给妈妈号过脉后对妈妈的素食表示了首肯："母体向胎儿供给营养靠脐带传输，你食素血液清，胎儿一定会长得健康，也不会营养不良。如果胎儿营养供给不足会先从你的体内摄取，你不用特意补什么，青菜萝卜挺好。"妈妈上班以后，则每天早上按排毒餐的方法，早餐吃一份水果通常是苹果或猕猴桃，生食一份蔬菜如黄瓜、番茄、胡萝卜、西兰花、苦瓜、青椒，一份清蒸的土豆或红薯，以及杂粮馒头或稀饭，有时喝混合豆浆（由花生、薏仁、黑豆、黄豆等制成）；午餐晚餐尽量少食油、盐、糖，经常吃原味的蔬菜汤，即：把各种新鲜蔬菜放在水里煮，不放任何调料，可清香啦！于是妈妈的脸色越发红润，身材也没有什么大变化。妈妈在我出生以前只比原来重了11公斤，每次去体检妈妈的体重增长都是一周长0.5公斤（这可是国际标准），而各项指标又表明妈妈既不贫血也不缺钙，更没有血糖高、血压高等孕妇常见的问题，每次体检医生都会告诉妈妈："宝宝长得很大。"妈妈就会很得意地说："素食的好处就是只长宝宝不胖妈。"

在我出生前几周，妈妈在枣子树遇到一位正巧已满百日的小哥哥。他的妈妈告诉我妈妈，素宝宝很乖很好带，睡醒了自己玩，只有饿了和要睡的时候会哭几声，要大便时会有难受的表情，所以一满月就能把大便了。原来妈妈担心日后工作繁忙，有了我会牵制很多精力的顾虑也因此打消了。

我出生了

我比医生预计的时间晚了四天来到这个世界，我出生时就睁大了眼睛，医生给我综合评分打了10分，这可是满分。我的体重有3.44千克，可是我并不胖，妈妈说我得到的营养都是蛋白质和矿物质。

我们比常规提前了一天出院。回家后妈妈找了一位月嫂周阿姨，周阿姨是一名有十多年带小孩经验、经过专业培训、非常敬业又富有爱心的阿姨，她简直无法相信素食的妈妈能够给我提供足够的乳汁，但妈妈的母乳完全超出我的食量。周阿姨对此惊诧不已，说她服务过的妈妈们吃鱼汤、肉汤、鸡汤大补，可是通常仍无法满足宝宝的需求而不得不增加奶粉。可是妈妈却稳坐泰山，还常对我说："你可得给素宝宝长脸。"

我当然不含糊，除了出生的头两个晚上饿着了睡不着，从第三天开始就天天晚上呼呼大睡，一般能睡五六个小时，从不打扰大人休息，哪怕白天睡得再多。说到白天睡觉，我可有点让大人们犯愁，别的小孩一天要睡近二十个小时，可我在月子里白天就不怎么愿睡，只有来客人的时间我才睡，大声讲话也没关系，搞得妈妈哭笑不得地说："你要是喜欢在客人面前表现乖，赶明儿我天天请一帮客人来玩。"现在我大点了，白天开始有规律地睡，妈妈可高兴啦。

出生 20 来天，妈妈就让我游泳了，游泳可真是舒服，有时觉得困了我还在水里小憩上一会儿。一个月不到我已经会对人微笑了，爸爸抱着我放在腿上，我看着他能笑着和他"哦哦啊啊"地交流了。书上说一般要到 3 个月才能发出啊哦等元音呢！到 40 多天时，有一天周阿姨给我做抚触我还发出了"阿—姨—"的声音呢，虽然大人们知道我是无意的，可还是乐得前俯后仰。

我 42 天时按规定去医院检查，别的宝宝都穿长袖长裤，不少宝宝还戴了手套，包了包被，可我就穿了件无袖的连衫短裤在医院的冷空调下若无其事，倒是别的宝宝的妈妈有些担心，要周阿姨帮我用毛巾盖盖好。医生检查时，我一躺下就对医生咧开嘴笑，乐得严肃的医生也笑着说："宝宝怎么这么乖！"我是胎儿时妈妈就教育我要友善待人，对医生笑笑当然是应该的。检查结果我的体重正好是每天长 50 克，其他方面也都很正常。医生说有人认为吃母乳不用补钙，但她还是建议适当补。妈妈相信自己的乳汁已经有足够的钙，因为我的身高已经超过中国女婴的标准了，为了验证她的判断，妈妈特地买了母乳钙试剂条，根据标准平均值应该是 8mmol/L，如果低于 6.7 mmol/L 是钙含量不足，测试结果表明，妈妈的乳汁含量超过 10 mmol/L，达到测试最高值。

通过一段时间的生活，周阿姨早已逐步相信素宝宝不会营养不良，看到我的智力和体质，看了这么多检验结果，周阿姨已经成了妈妈的同盟军，带我外出时只要有人说我皮肤好，长得像三四个月大，周阿姨就会自豪地告诉别人"我们是素宝宝！"周阿姨还说"以后再到别的宝宝家服务时，一定要告诉新妈妈多吃素"。

妈妈的话

作为楼泰予风的母亲，素食给了我莫大的利益，事实证明，让她成为素宝宝也是明智的选择。为了让更多妈妈、准妈妈分享我们的快乐，我以宝宝的口吻写了这段文字，相信宝宝长大后一定会认同我的观点。我们真诚盼望她成长为一个善良、正直、心态平和、身体健康的人。

茹素给我带来的变化

作者：Bonbon

博客：http://blog.sina.com.cn/bonbon0208

断断续续茹素近2年，近来有些感受实在想跟大家分享，这些感受有来自生理方面的，也有来自心理方面的。

生理方面：对所有肉食的自然反感。

这种反感经过多次验证，事实证明绝不是源自心理上对荤食的主观抵触。我吃素是因为我选择了一种健康的生活方式，跟我的信仰绝无任何关系。整个吃素的过程都是随着自己的性子，想吃就吃，绝不勉强，非常轻松自在。今年圣诞夜不想扫兴，与老公在度假的酒店里用了圣诞自助大餐，因为素食只有蔬果沙拉和一个奶油菠菜，其他都是各种肉类和海鲜，没办法，不想付了那么多餐费却只吃这两样东西。牛肉是从小就不吃的，可选的就只有猪肉、鸡肉、羊肉、火鸡肉等等了。不知道为什么，转了一大圈，看看那些肉食，我连试的欲望都没有。放弃肉类，那只有海鲜可选了。以前我最喜欢吃虾，一口气起码可以吃下一二十只。淡淡地挑了两三只虾和一只螃蟹回座位，觉得第一只虾吃起来味道就不如从前，螃蟹的味道更是大打折扣。其实，平时仍坚持吃少量荤食的老公证明不是东西不好，而是我的味蕾已经不习惯这些味道了，吃起来真的如同嚼蜡。

在那之后的某天，经过超市的脆肉丸摊，突然莫名其妙很想吃肉丸，光想着肉丸的味道，就已经禁不住咽口水了，马上买了些回家。一进门就下锅煮，简直一分钟都不能等了，结果煮好一掀锅盖，只觉腥味扑鼻，不夸张地说，几乎令人作呕。就这么几秒之内，食欲全无，为了不糟蹋东西，后来我是逼自己一次一点勉强吃下的，简直跟吃药差不多，记忆中的那种美味荡然无存，现在想想还觉得恶心呢。同一个牌子的脆肉丸，以前我们家吃火锅的时候是必不能少的食材之一，怎么那时候就从来都没觉得它有腥味呢？！有过这些经历，这类食物恐怕以后我再也不会对它们有一丝一毫的留恋了吧。

此后类似的经历还有不少，所有的事实都一再证明，一点都不用逼自己，我对荤食已经彻底失去了兴趣。现在我只有在吃素时最满足、最开心。觉得素食才是全天下最美味的食物！

心理方面：慈悲心渐长。

友人搬家，有十多本旧的中文杂志被我趁机"打劫"了，这些杂志帮我消磨了好几个周日的下午，杂志中的感人故事让我频频掉泪。我这才发现，自茹素以后，我真的变得超容易就被感动，眼眶动不动就湿，尤其是在知道那些伤害生灵的事以后。前些天看电视里报道有条野生水牛被不懂事的少年作弄致死，看到水牛死后的惨样，我的眼泪当时就夺眶而出。

　　还有一件颇不可思议的事——最近我竟然可以静下心来去看书橱里那本被长期冷落的佛书《雨华集合刊》了。

　　总之一句话：茹素，不但净身，也净心。

一只小猪

作者：明居

一只可爱的小猪出生了，它急迫地吮吸着母亲的乳汁，和兄弟姐妹们挤挤攘攘。猪妈妈哼哼着安慰它们：不要抢，不要抢，都可以吃饱！

是的，主人给它们充足的食料，让它们吃得饱饱的，睡得暖暖的，它们飞快地成长，甚至长得太快了，常有人来观看它们，赞不绝口：看那只小花猪，肯定能卖个好价钱！

小猪听得很茫然，它问妈妈：妈妈，什么叫卖个好价钱？

妈妈转过头不看它。

小猪懒得再管了，继续呼噜呼噜在吃奶，吃饱后，它就靠着妈妈睡着了，在强烈的幸福中做美梦，嘴角流着涎水。

一个月后，小猪长高了，它过着一成不变的幸福生活，对主人也充满感激之情。它出生在这样的家真好哇！主人的眼里充满爱怜，每当它挑食时，主人就愁眉不展，看到它们胖乎乎的，主人就眉开眼笑。

三个月后的一天，主人突然请来了很多人，附近生起了火，火上架着锅，烧着开水，小孩子们奔跑欢笑，大人们忙忙碌碌，猪妈妈凄惨地叫了一声，不安地来回冲闯，小猪们都慌张起来。最胖最壮的哥哥被主人带了出去，四只脚被绑了起来，几个人把它放在一张大桌子上紧紧按住。哥哥尖叫着，小猪吓呆了，四只脚直发抖，巨大的恐惧将它淹没。小猪亲眼看着一个人拿着一把明晃晃的刀刺进哥哥的喉咙，血汩汩地流进盆里，哥哥闷声叫着，挣扎着，渐渐不会动了。几个人麻利地剖开哥哥的肚子，不一会，哥哥就被分成了几堆。

小猪呆呆地站着，腿一直在哆嗦，猪妈妈瘫在地上，一动不动，其他的小猪们有的尖叫，有的发抖。

炊烟飘起来了，空气里传来奇怪的肉味，小猪闻得出，那是哥哥的味道。大家的肚子又开始咕噜噜叫了，主人送来了食料，并且说：今天你们一起好好吃一顿，有肉哦！

小猪吃着吃着，突然意识到，里面加的是哥哥的汤……

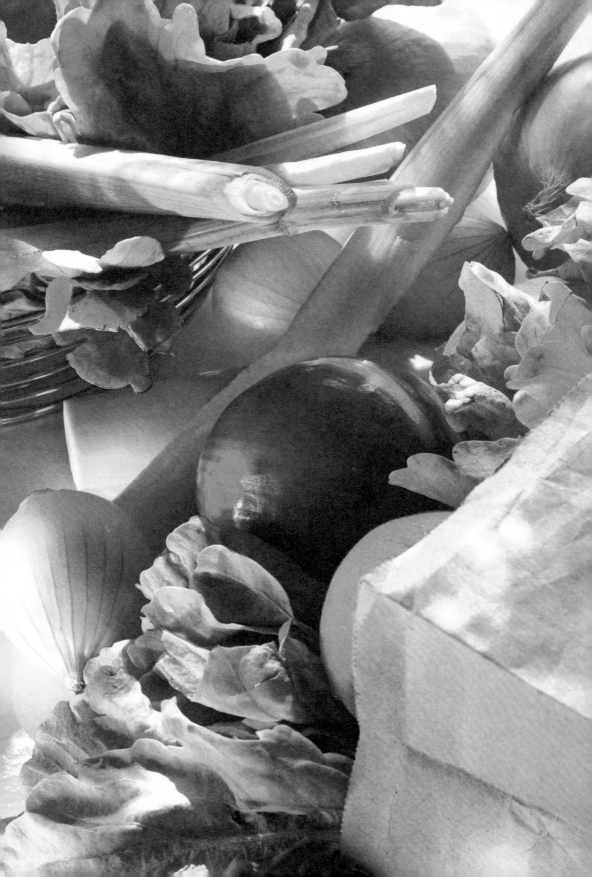